Mario Merkel • Geheimnisvolle Unterwasserwelt • Von Fischen, Krebsen, Muscheln, Schnecken und mehr

Rangsdorf
Natur+Text

Mario Merkel

Geheimnisvolle Unterwasserwelt

Von Fischen, Krebsen, Muscheln, Schnecken und mehr

Natur+Text

Impressum

Bibliografische Information der Deutschen Nationalbibliothek
Die Deutsche Nationalbibliothek verzeichnet diese Publikation in der Deutschen Nationalbibliografie; detaillierte bibliografische Daten sind im Internet über http://dnb.dnb.de abrufbar.

Geheimnisvolle Unterwasserwelt
Von Fischen, Krebsen, Muscheln, Schnecken und mehr
Mario Merkel

Natur+Text Rangsdorf 2021
192 Seiten, 24 × 22 cm
Redaktion: Roland Lehmann (Natur+Text)
Korrektorat: Birgit Cirksena · satzfein, Berlin
Satz und Layout: Katrin Wähner (Natur+Text)

Gesetzt aus der Expo Sans Pro

Bildnachweis: Mario Merkel (tauchrevierdeutschland.de)

Dieses Buch enthält QR-Codes, die einen Weblink zu Youtube-Videos enthalten. Wenn Sie das Video starten, könnte das Datenverarbeitungsvorgänge auslösen. Darauf haben wir keinen Einfluss. Verfügbarkeit und Datenschutz liegen in der Verantwortung des Anbieters Google. Informationen zum Datenschutz finden sie hier: https://policies.google.com/privacy

Druck und Bindung: Westermann Druck Zwickau GmbH
Gedruckt auf Profisilk 150 g

ISBN 978-3942062-52-7

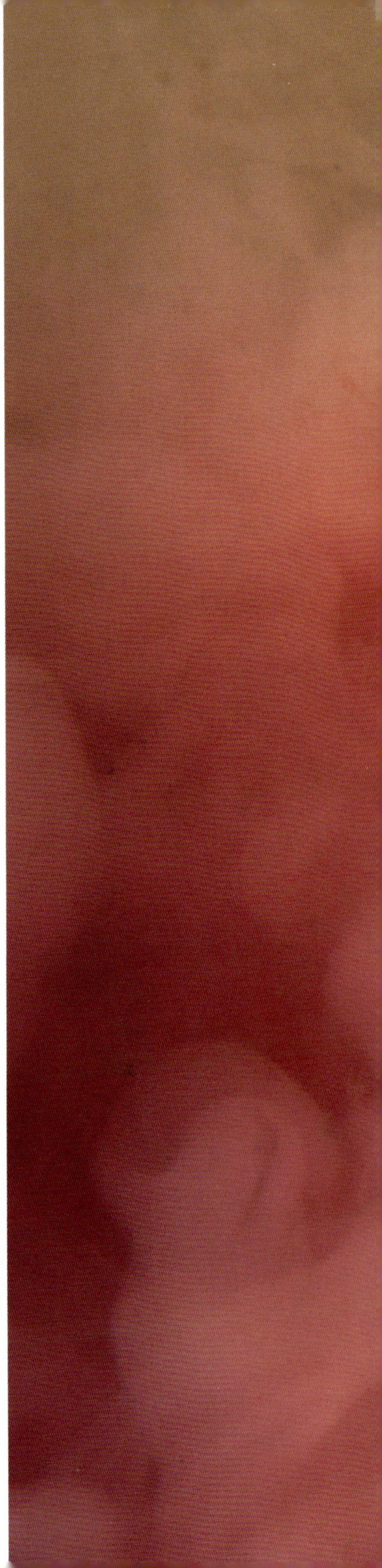

Inhalt

Die Unterwasserwelt

Über 12.000 Naturseen glazialen Ursprungs, zahlreiche Flüsse und Kanäle, geflutete Tagebaurestlöcher und Steinbrüche, Bagger- und Stauseen bilden die Wasserlandschaft Deutschlands. Sie ist vielfältig und nimmt mehr als zwei Prozent der deutschen Landschaftsfläche ein. Entsprechend ihrer geologischen Lage vom norddeutschen Tiefland bis zum Alpenvorland und zu den Alpen im Süden unterliegen die Gewässer unterschiedlichen klimatischen, geologischen und naturräumlichen Einflüssen, die vielfältige Lebensräume erschaffen. *(Quelle: Umweltbundesamt)*

Der Bodensee im Süden Deutschlands führt die Liste der flächengrößten und tiefsten Seen mit über 500 Quadratkilometern und 250 Meter Tiefe an. Längstes, deutsches Fließgewässer (>1.200 km) nennt sich der stattliche Rhein. Im Zuge der Rekultivierung alter Braunkohlereviere entstand mit dem Geiseltalsee im südlichen Sachsen-Anhalt und einer Fläche von 18 Quadratkilometern der größte Kunstsee Deutschlands. Im Lausitzer Seenland ist mit dem Ostsee bereits ein noch größerer künstlicher See in der Entstehungsphase. Bis zum Jahr 2030 ist die Fertigstellung einer einzigartigen und umstrittenen Wasserlandschaft geplant.
Freizeitkapitäne, Wassersportler, Badegäste und Angler erfreuen sich am lebenspendenden Nass. Wasserstraßen, Talsperren, Kraftwerke und Fischereianlagen sind wichtige Wirtschaftsfaktoren. In erster Linie jedoch sind die Gewässer Lebensräume einer vielfältigen, artenreichen Unterwasserflora und -fauna. Der menschliche Druck durch bauliche Eingriffe, Wasserentnahmen und übermäßige Nährstoffeinträge durch Landwirtschaft und Abwässer setzt diesem Lebensraum zu. Das Umweltbundesamt bescheinigte 2015 nur etwa einem Viertel unserer Seen einen guten bis sehr guten ökologischen Zustand.
Als Taucher genieße ich das Privileg, für kurze Zeit Gast in dieser für den Menschen fremden Welt zu sein. Mit über 1.300 Tauchgängen in 200 Gewässern Deutschlands blicke ich auf spannende und beeindruckende Erlebnisse in der heimischen Unterwasserwelt zurück. Entgegen der landläufigen Meinung, in den Seen sei es nur dunkel und kalt, erlebe ich ein unvorstellbares, lebendiges Farb- und Lichtspiel.

Mit diesem Bildband möchte ich Sie einladen, mich auf eine Tauchreise in die heimische Unterwasserwelt zu begleiten. Sie treffen auf Vertreter von Fischen, Krebsen, Muscheln, Schnecken, anderen Wirbellosen und Unterwasserpflanzen. Die Bilder sind nur ein kleines Fenster in eine wundervolle Welt vor der Haustür, die vielen Menschen verborgen bleibt. Gesunde und lebendige Seen sind keine Selbstverständlichkeit. Was wir kennen und lieben, schätzen und schützen wir.

S. 4/5: Purpurbakterienwolke am Grunde eines Weihers.
links: Ähriges Tausendblatt im Sonnenschein.

Die Gefürchteten

Sie stehen am Ende der Nahrungskette in den heimischen Gewässern. Sie sind groß, perfekte Jäger. Und gefürchtet. Sie übernehmen eine wichtige Rolle im Lebensraum Süßwasser und sorgen für ein ökologisches Gleichgewicht. Raubfische. Eine Begegnung mit ihnen bedeutet für Plötze, Güster und Rotfeder meist ein jähes Ende, für Taucher einen Moment der Glückseligkeit und für den Angler den Ausblick auf eine Mahlzeit nach einem erfolgreichen Drill.

S. 8/9: Großer Europäischer Wels.
links: Großmaul Hecht zeigt Zähne.
rechts: Wels mit massigem Kopf und langen Barteln.

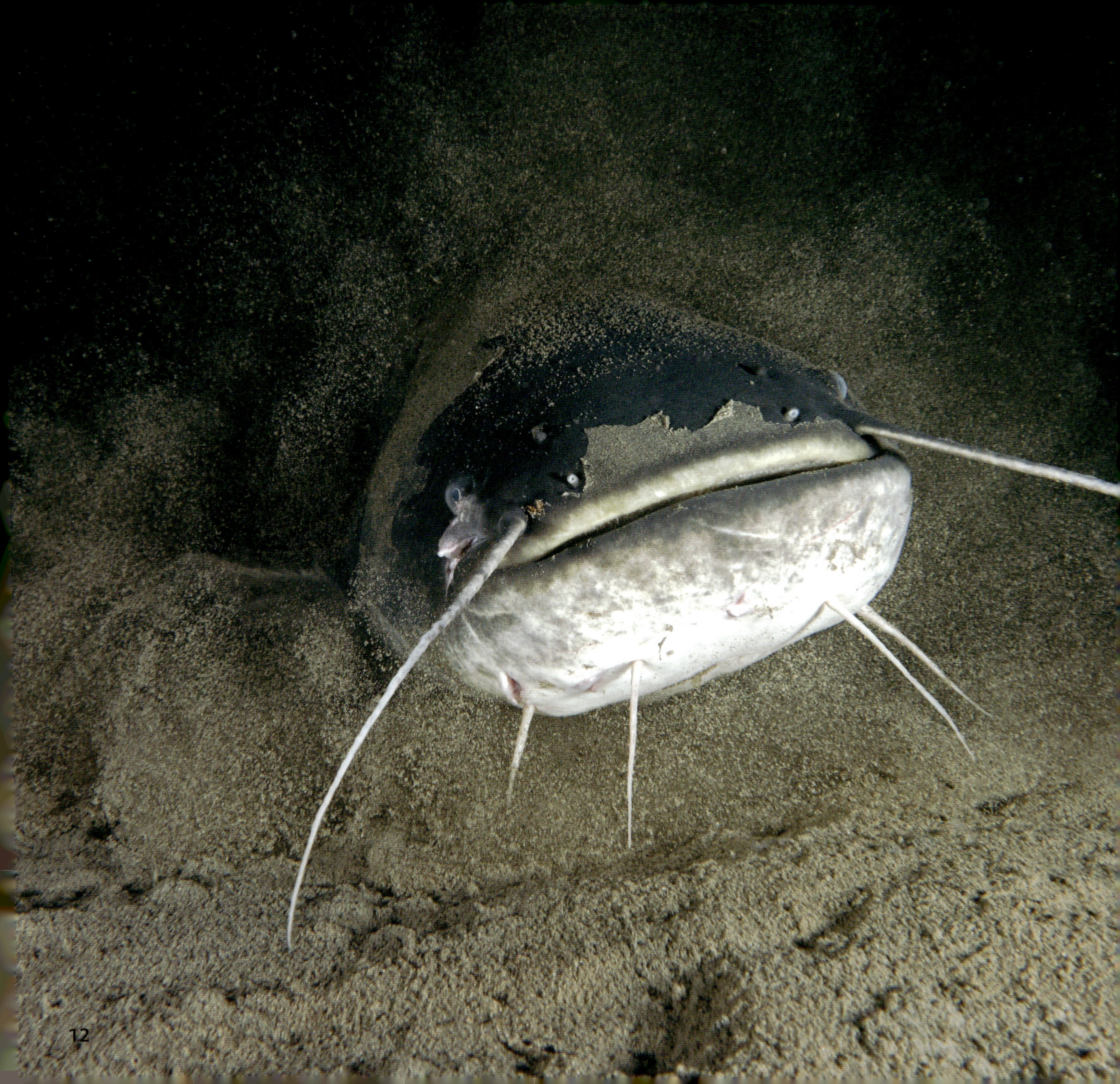

Europäischer Wels
(Silurus glanis)

Der unstrittig Kapitalste unter den heimischen Raubfischen ist der Europäische Wels, auch Waller genannt. Fänge dokumentieren Längen von über zwei Metern und über 100 Kilogramm Gewicht.

Sein lang gestreckter Körper, der massige Kopf mit den markanten Barteln und sein riesiges, endständiges Maul machen den Wels unverwechselbar. Er wirkt behäbig, seine Bewegungen bei Angriff und Flucht sind jedoch blitzschnell. Es gibt wohl keine Kost, die er verschmäht. Fische, Wasservögel und auch kleine Säugetiere stehen auf dem Speiseplan des meist nachtaktiven Jägers. Mithilfe seiner empfindlichen Hautorgane am Maul, den Barteln, spürt der Wels im Schutz der Nacht seine Beute auf. Das blitzschnelle Öffnen seines riesigen Mauls erzeugt einen enormen Unterdruck und saugt die überraschte Beute regelrecht ein.

Sind die Bestände in einigen Gewässern auf Besatz durch den Menschen zurückzuführen, so sind die wärmeliebenden Fische Gewinner der zunehmenden Erderwärmung und erfolgreich bei der natürlichen Reproduktion. Unterwasserbegegnungen mit ihnen sind durchaus keine Seltenheit mehr und zeugen von einer großen Population.

links: Unverhoffte Begegnung auf 40 Metern Tiefe.
rechts: Tagsüber ruhend im Pflanzendickicht.

Europäischer Wels
(Silurus glanis)

Erreichen die Wassertemperaturen gut 20 Grad, so suchen sich die paarungsbereiten Tiere im Flachwasser des Uferbereiches ein geeignetes Plätzchen für den Nestbau. Mit ihrem massigen Körper drücken die Männchen die Wasserpflanzen zu entsprechenden Mulden platt und warten auf das Weibchen. In einem durchaus wilden Treiben animiert das Männchen das Weibchen zur Eiablage, um diese im Anschluss sofort durch Spermienabgabe zu befruchten. Das Männchen übernimmt bis zum Schlupf der kaulquappenähnlichen Fischlarven nach wenigen Tagen Nestwache und Brutpflege.

Lesen sich diese Vorgänge schon spannend, so bleibt eine direkte Beobachtung im Lebensraum Wasser unvergesslich. Ende Juni entdecke ich bei meinen Streifzügen durch die Unterwasserwelt gleich drei Welsnester in unmittelbarer Nähe zueinander. In drei Metern Wassertiefe treffe ich in einem ausgedehnten Pflanzengürtel aus Armleuchteralgen auf das erste Welsmännchen in seiner Nestmulde. Mit gut zwei Metern Länge ein wirklich stattliches Exemplar. Massig und weithin sichtbar ruht er im Grün. Aufgeregt huschen kleine Fische um das Nest.

Ein deutliches Hin- und Herwiegen seines massigen Körpers deutet mir Abstand zu halten. Neugierig nähert er sich und tastet mit seinen langen Oberkieferbarteln den fremden Besucher ab, um dann wieder entspannt seine Aufgabe als Brutpfleger zu übernehmen.

Ich wage einen Blick in das Nest, doch Eier kann ich mit bloßem Auge nicht ausmachen. Allein die Anwesenheit zahlreicher Nesträuber wie Güster, Plötze und Flussbarsch und deren unentwegtes Vorstoßen und Schnappen zeugen von dem Vorhandensein proteinreicher Kost. Jedes verspeiste Ei bedeutet nicht nur einen vollen Magen, sondern einen späteren Räuber weniger. Mich verwundert die Gelassenheit des Welsmännchens ob der dreisten Nesträuber. Allein die durch seinen Körper abgedeckten Eier scheinen geschützt.

Das große Männchen dreht sich mit wenigen Schlägen der kräftigen Brustflossen im Nest hin und her und kommt dann regungslos auf dem dicken Polster aus Armleuchteralgen zur Ruhe. Stundenlang könnte ich diesem Schauspiel zuschauen, doch jeder Tauchgang ist endlich.

rechts: Eigelege in einer Mulde von Armleuchteralgen. Das Männchen verteidigt sein Nest gegen Fressräuber.

Europäischer Wels

(Silurus glanis)

Auf meinem Rückweg tauche ich den Pflanzengürtel entlang und entdecke zwei weitere Welsnester. Diese beiden Männchen sind mit geschätzten 1,20 und 1,50 Meter deutlich kleiner. Geschlechtsreife erreichen die Fische mit 3–5 Jahren. Bei einer Lebenserwartung von bis zu 80 Jahren ist das erstaunlich. Auch diese beiden Welse prüfen bei meinem Erscheinen zunächst kritisch den unbekannten Eindringling. Als ungefährlich eingestuft, dulden sie mich unmittelbar in ihrer Nähe.

Eine Woche später mache ich mich erneut auf den Weg zu meinen Fundstellen. Ich finde leere Nestmulden vor. Die Larven scheinen bereits geschlüpft zu sein und die Brutpflege beendet.

Machen sich die großen Räuber nachts mit bestem Tast- und Geruchssinn auf die Jagd, so dösen sie in den Sommermonaten tagsüber sehr gern mit ihren prall gefüllten Bäuchen auf den Ästen alter Bäume unter der Wasseroberfläche. Ein Blick in das Dickicht und die Überhänge lohnt sich allemal.

Mit kürzer werdenden Tagen und abnehmender Wassertemperatur ziehen sich die Welse über die Wintermonate in die tieferen Wasserschichten zu ihren angestammten Ruheplätzen zurück. Über einige Jahre schon lassen sich die Tiere zum Beispiel an den Wracks der Kaffenkähne am Grund des Werbellinsees im nördlichen Brandenburg oder in Ruinen von Industriegebäuden alter Tonstiche beobachten.

Die Begegnung mit dem größten „Gefürchteten“ krönt zweifellos einen Tauchgang. Trotzdem kann ich nicht leugnen, dass diese besonders bei eingeschränkter Sicht zu Schrecksekunden führt. Ich erinnere mich gut an ein unverhofftes Aufeinandertreffen im Dunkeln auf 40 Metern Tiefe. Im Schein meiner Lampe und zum Greifen nah erschienen überraschend die weißen Barteln eines kapitalen Welses. Ehe ich mich versah, hüllte er sich mit einem kräftigen Flossenschlag in eine dicke Sedimentwolke. Wir haben uns wohl beide mächtig erschrocken.

links: Stattlicher Wels in einem alten gefluteten Tonloch.

Hecht
(Esox lucius)

Im Schutz der Unterwasserpflanzen liegt der Meister der Tarnung auf der Lauer. Der Hecht mit seinem lang gestreckten Körper und schnabelartigen Maul ist wohl der bekannteste Raubfisch in heimischen Gewässern.

Er kommt sowohl in stehenden und fließenden Gewässern als auch im Brackwasser vor. Wie ein Chamäleon vermag er seine geschuppte Haut optimal der Umgebung anzupassen. So beobachte ich auffällig hell gemusterte Exemplare, die am sandigen Grund den großen Güsterschwärmen nachstellen, und dunkelgrün gestreifte Räuber unterwegs im Pflanzendickicht. Wahre Meister der Camouflage. Der Körperbau des Hechtes schließt, wie beim Wels, eine Verwechslung mit einer anderen Art aus. Er ist schlank und rank wie ein Torpedo und verfügt über eine kräftige Schwanzflosse für schnelle, überraschende Angriffe aus der Deckung. Das schnabelartige Maul lässt sich blitzschnell auf ein Vielfaches öffnen und wird zu einem tödlichen Schlund mit Reihen zahlloser Fangzähne. Dennoch gehen die meisten seiner Attacken ins Leere.
Mit der Kamera in der Hand warte ich auf genau diesen Moment einer erfolgreichen Jagd und staune manchmal über die „Ungeschicklichkeit" und Häufigkeit von Fehlschlägen. Auch die Beutefische haben gelernt, trotz der Räuber im See zu überleben.
Begegnungen mit Tauchern sieht der Hecht in der Regel entspannt entgegen. Er vertraut seiner Tarnung. Für mich als Fotograf ist er ein geduldiges Motiv. Ein interessantes Verhalten ist das häufig beobachtete „Gähnen". Wirkt es auf den ersten Blick wie eine Drohung, dient es wohl einem intensiveren „Riechen".

S. 18/19: Eine Gruppe Hechte döst im Totholzgeäst.
links: Perfekt getarnter Lauerjäger zwischen Hornblättriger Armleuchteralge.
rechts: Junger Hecht im Schutz des Ährigen Tausendblattes.

Hecht
(Esox lucius)

Naturbelassene Uferbereiche mit Pflanzengürtel, alten Bäumen und Struktur sind ideale Verstecke für kleine Fische. Und wo sich Beutefische aufhalten, bleiben die Räuber nicht aus. Hechte sind Einzelgänger mit ausgeprägtem Revierverhalten. Bei großem Futterangebot kann man sie auf der Jagd und an Ruheplätzen in kleinen Gruppen antreffen. Die Gruppen bestehen aus Exemplaren gleicher Größe. Dafür gibt es einen Grund: Hechte praktizieren Kannibalismus und schrecken nicht davor zurück, ihre eigenen Artgenossen zu fressen. Dieses Verhalten konnte ich schon bei den Kleinsten beobachten.

In ihren 10–20 Lebensjahren wachsen Hechte bis auf eine Länge von 1,30 Meter heran. Die Weibchen werden deutlich größer als die Männchen. Die ausgewachsenen Hechte ernähren sich vorrangig von Fisch. Gelegentlich erbeuten sie auch Krebse, Lurche und Wasservögel sowie kleine Säuger. Der Erfolg einer Jagd besteht nicht nur im Fangen eines Fisches. Dieser muss durch Geschicklichkeit im Maul gedreht werden, damit er kopfüber im Schlund verschwinden kann. Nicht selten nutzen Rotauge oder Schleie diesen kurzen Moment als Chance zu entkommen.

Ob morgens, mittags oder abends, selbst bei meinen nächtlichen Tauchgängen durch die heimische Unterwasserwelt dokumentiere ich jagende und fressende Hechte. Neben ihren großen Augen hilft das Seitenlinienorgan am Kopf und Rumpf den Hechten im Dunkeln zu „sehen".

Neigt sich das Jahr dem Ende zu, so trifft man die Hechtdamen mit ihren prall gefüllten Bäuchen. In ihnen wächst die nächste Generation heran. Im zeitigen Frühjahr umwerben mehrere Männchen ein Weibchen, bis es zahllose, klebrige Eier auf Wasserpflanzen im nahen Uferbereich ablegt. Nach der Befruchtung müssen die Männchen schnell das Weite suchen, um nach dem Ausklingen der Fresshemmung nicht im Magen der hungrigen Dame zu landen.

rechts: Die Beute fest im Blick.

Hecht

(Esox lucius)

Die frisch geschlüpften Larven stehen ihren Eltern in Aussehen und Verhalten in nichts nach. Wie die Großen lauern sie im Hinterhalt und jagen Zooplankton. Ich bin immer wieder erstaunt, wie schnell sich diese Jäger entwickeln. Sie wachsen rasant und erreichen bereits im ersten Jahr gut 20 Zentimeter Körperlänge.

Zu meiner Freude treffe ich sie bei meinen Tauchgängen häufig an. Als Pflanzenlaicher und Lauerjäger sind sie allerdings auf intakte, pflanzenreiche Ufersäume angewiesen.

links: Nur wenige Tage alter Jungfisch.
rechts: Auge in Auge mit dem Räuber.

Zander
(Sander lucioperca)

Das trübe Wasser ist sein Element. Sein ausgezeichnetes Sehvermögen verschafft dem Zander einen ungleichen Vorteil gegenüber seiner Beute. Mit einer Körperlänge von gut einem Meter ist er ausgewachsen etwas kleiner als der Hecht. Leichte Querstreifen entlang des gesamten Körpers und die bewehrte, aufstellbare, geteilte Rückenflosse lassen den Barschartigen gut bestimmen. Die beiden hervorstehenden Fangzähne am Oberkiefer verleihen dem Zander ein vampirhaftes Aussehen. Er jagt kleine Fische wie Ukelei, Plötze und Güster und verlässt sein tieferes Jagdrevier nur zur Laichzeit.

Bei meinen Tauchgängen begegne ich dem Zander außerhalb der Laichzeit nur sehr selten. Dabei bin ich mir sicher, dass er mich häufiger wahrnimmt als ich ihn. Manchmal habe ich das Glück und sehe einen jungen Zander im Schutz von Wasserpflanzen. Wir teilen einfach nicht die gleiche Leidenschaft für trübes Wasser. Doch wenn im Frühjahr die Wassertemperatur 12 Grad erreicht, kommt meine Zanderzeit. Zyklisch tauche ich dann die mir bekannten Zanderreviere ab und dokumentiere das Aufsteigen der prächtigen Tiere. Zander besuchen ihre bevorzugten Laichgebiete immer wieder.

S. 26/27: Stattliches Männchen an einem hölzernen Lastenseglerwrack.
links: Zander bei der Brutwache. Das Gelege befindet sich auf einer Lage Ziegel eines gesunkenen Kaffenkahns.
rechts: Gefürchtete Fangzähne lassen an einen Vampir erinnern.

Zander
(Sander lucioperca)

Bereits über mehrere Jahre identifiziere ich Zander anhand ihrer markanten Rückenflosse und Hautmarkierungen und dokumentiere ihr jährliches Erscheinen an alten Plätzen. Wenngleich die Nestwahl nicht immer identisch ausfällt, so sind es die gleichen Laichgebiete von nur wenigen Metern Umkreis. Wenn ich dann einem „alten" Bekannten begegne, freue ich mich, dass er wieder ein Jahr dem Netz und Angelhaken trotzte und zur Reproduktion seiner Art beiträgt.

Bevor es zur Eiablage kommt, muss ausgekehrt werden. Mit kräftigen Flossenschlägen werden die Sedimente aus den Nestern entfernt. Die Sicht ist dann gleich Null. Meine Beobachtungen zeigen, dass Zander einen festen, ebenen Untergrund wie Muschelkolonien, flaches Brunnenmoos oder glatte Steine zur Laichablage bevorzugen. Gern werden auch menschliche Hinterlassenschaften wie Bretter, Plattformen, gesunkene Kähne oder Ähnliches angenommen.

Der eigentliche Akt der Eiablage und deren Befruchtung muss in den Nachtstunden stattfinden. Die Weibchen steigen dann zu den Männchen in den Flachbereich auf und paaren sich. Paart sich ein Weibchen nur einmal oder legt es seine Eier in mehrere Nester? Den Vorgang der Paarung und Eiablage konnte ich bisher nicht beobachten.

Während das Weibchen nach dem Akt zurückkehrt in das Jagdrevier, beginnt für das Männchen eine aufopferungsvolle Zeit der Brutwache und -pflege. Um ein Absterben und Verpilzen der Brut zu verhindern, wird regelmäßig frisches Wasser durch das Gelege gewedelt.

Außerdem hat sich die Nachricht von eiweißhaltiger Kost herumgesprochen. Bei einem Tauchgang beobachte ich einen riesigen Plötzenschwarm. Er versucht, das Zandergelege zu plündern. Hinzu kommen drei Aale, deren mit Zandereiern verklebte Mäuler den Grund ihres Erscheinens verraten. Das Zandermännchen rotiert auf dem Gelege und hat gut zu tun, die Eindringlinge abzuwehren. Währenddessen schleichen sich kleine Marmorgrundeln beinah unsichtbar in das Nest und pflücken die nahrhafte Kost von den Dreikantmuscheln. Gut zwei Wochen vergehen bis zum Schlupf der Zanderlarven. Sichtlich erschöpft ziehen sich die Männchen zurück in das tiefere Wasser und füllen ihre leeren Mägen.

links: Der Eierdieb. Marmorgrundel räuberisch im Zandernest.
rechts oben: Vom Leben gezeichnetes Zandermännchen.
rechts unten: Die aufgestellte Rückenflosse deutet auf Abstand halten.

Zander

(Sander lucioperca)

Zander sind ausgesprochene Einzelgänger, doch zur Laichzeit befinden sich ihre Nester in unmittelbarer Nachbarschaft zueinander. In diesem Frühjahr mache ich eine ganz besondere Entdeckung. In einem Brandenburger See auf der Ziegelladung eines gesunkenen Holzlastkahns von etwa 20 Metern Länge zähle ich 15 Zandergelege. Der Abstand untereinander misst nur 1–2 Meter. Ein unglaubliches Erlebnis. Interessant auch die unterschiedlichen Charaktere der Fische. Während die stattlichen und älteren Exemplare weitestgehend entspannt ihrer Brutpflege nachgehen, attackieren mich die „Halbstarken" unentwegt und halten mich auf Distanz. Der Zander, ein wirklich imposanter Raubfisch und begehrter Speisefisch.

links: Klebrige Zandereier. Entwickelte Fischlarven mit Dottersack sind bereits gut zu erkennen.
rechts: Junger Zander gut versteckt.

Die Wühler

Karpfen

(Cyprinus carpio)

Karpfen besitzen einen massigen Körper. Wohlgenährte Tiere entwickeln einen ausgeprägten Bauch, der nicht mit der Bauchwassersucht, einer Fischkrankheit, zu verwechseln ist. Ein eindeutiges Merkmal für die Karpfenfische sind die beiden Barteln an den Maulwinkeln, wichtige Hautorgane für den Geschmacks- und Tastsinn. Die Barteln helfen dem Fisch, Kleinlebewesen im Boden aufzuspüren.

Er durchwühlt mit seinem rüsselartigen Maul den Grund nach allem Nahrhaften. Pflanzliche und tierische Kost wird aufgenommen und verwertet. Dabei ist er nicht zimperlich und arbeitet sich wie eine Rotte Wildschweine durch den Unterwassergarten.

S. 34/35: Eine Schleie wühlend auf Nahrungssuche.
links: Eine Gruppe Spiegelkarpfen durchstreift den See.
rechts: Schuppenkarpfen weidet den Algengrund.

Karpfen
(Cyprinus carpio)

Wasserpflanzen werden herausgerissen, sedimentiert und im Boden gebundene Nährstoffe freigesetzt. Sedimentwolken und Wühlspuren sind weithin zu sehen. Der Karpfen besitzt die Fähigkeit, die Unterwasserlandschaft nachhaltig zu verändern. Einmal in den See entlassen, tut er das, was er kann: Er schwimmt, wühlt, frisst und scheidet aus. In großer Anzahl führt dieses Verhalten zu einer Umgestaltung des Lebensraumes und zur Verdrängung anderer Fischarten.

Der Karpfen ist asiatischen Ursprungs und wurde durch den Menschen nach Europa gebracht. Man nimmt an, dass bereits die Mönche des Mittelalters diesen begehrten Speisefisch in Teichen hielten, um die Fastenzeit zu überbrücken.

links: Spiegelkarpfen ruhend am Grund neben Krausem Laichkraut. Gut zu erkennen die karpfentypische Bartel am Maul.
rechts: Wühlende Schuppen- und Spiegelkarpfen.

Karpfen
(Cyprinus carpio)

Für eine natürliche Vermehrung ist es dem Karpfen in unseren Seen zu kalt. Er ist ein Zuchtfisch und sein Vorkommen hängt vom Besatz ab. In seinen verschiedenen Zuchtformen erfreut sich der Karpfenfisch als Speisefisch großer Beliebtheit und ist in der Fischerei ein wichtiger Wirtschaftsfaktor. Angler schätzen den Drill eines kapitalen Karpfens, der bei einer Lebenserwartung von 20 Jahren gut 15–25 Kilogramm Gewicht auf die Waage bringen kann.

Der scheue Fisch ist nicht ganz einfach in seinem Lebensraum zu beobachten. Das Blubbern der ausgeatmeten Luft des Tauchers verschreckt die Tiere. So pirsche ich mich mit angehaltenem Atem heran, um ein gutes Foto zu erhaschen. Prasseln die ausgeatmeten Luftblasen lautstark ins Wasser, sind die Karpfen mit kräftigen Flossenschlägen verschwunden.

Ich staune nicht schlecht, als ich bei einem Tauchgang knallrote und schneeweiße Karpfenfische im Schutz von Seerosen schwimmen sehe. Hier hat wohl jemand ein neues Heim für seine Kois, eine beliebte Zuchtform des Karpfens, gesucht.

links: Ausgesetzte Kois, eine Zuchtform des Karpfens.
rechts: Junger Spiegelkarpfen bei der Winterruhe.

Schleie
(Tinca tinca)

Die Schleie mit ihrem dunkelolivfarbenen, feinen Schuppenkleid und den bernsteinfarbenen Augenringen ist ein ausgesprochen schöner Fisch. Kräftige, beinahe schwarze Flossen sorgen für Vorschub und elegante Wendigkeit. Bereits als Kind begeisterte mich die Schönheit dieses Fisches an meiner kleinen Angel. Die markanten Barteln am wulstigen, orangefarbenen Maul machen den Karpfenartigen leicht erkennbar.

Besonders in den Sommermonaten, wenn das Wasser warm ist, streifen sie in kleinen Gruppen im ufernahen Bereich durch das Gewirr aus Wasserpflanzen. Es ist die Zeit der Paarung. In einem verspielten Liebesreigen umgarnen die Männchen das Weibchen und animieren es zur Eiablage. Schleien sind Pflanzenlaicher. Bis zum Schlupf der Fischlarven kleben die Eier an Blatt und Stängel der Unterwasserpflanzen. Die jungen Schleien sind besonders scheu und wagen sich kaum aus ihrem schützenden Pflanzendickicht. Wenn der Schatten des Tauchers auf sie fällt, verschwinden die kleinen Fische tief im Blattwerk.

Im Schutze der Nacht, wenn die Schleie regungslos am Boden „schläft“, gelingt dem Taucher ein Betrachten aus der Nähe. Es ist spannend zu beobachten, mit welcher Strategie sich die Fische vor den nachtaktiven Räubern verbergen. Jede kleinste, verräterische Bewegung wird vermieden. Geruht wird neben einem Ast oder Stein. Und so wundert es nicht, dass selbst der Aal mit seinen empfindlichen Sinnesorganen an den kleinen Beutefischen vorbei navigiert.

links: Schleie im Schilf. Wülstiges, orangefarbenes Maul mit den für Karpfenfische typischen Barteln.
rechts: Ausgewachsene Schleie mit großer kräftiger Schwanzflosse.

Schleie
(Tinca tinca)

Tagsüber durchpflügen sie auf der Suche nach Kleinstlebewesen, Schnecken und Muscheln mit ihrem dicken Maul den Grund und saugen alles Nahrhafte auf. Sehr häufig werden die Schleien dabei von kleinen Flussbarschen, wahren Opportunisten, immer in der Hoffnung auf einen Leckerbissen, begleitet.

In den Wintermonaten ziehen sich die Fische in die tieferen Bereiche der Gewässer zurück und überdauern die kalte Jahreszeit am Grund. Atmung und Stoffwechsel werden dabei auf ein Minimum reduziert. Sie tun es dem Karpfen gleich. Im Winter quere ich kurz über dem Grund einen See. In einer Mulde am Boden sehe ich einen Fisch leicht sedimentiert auf der Seite liegend.

Ich nähere mich und gehe davon aus, dass er tot ist. Doch dann erkenne ich die klaren Augen. In dieser Position habe ich ruhende Fische noch nicht gesehen. Ich beobachte, wie sich der Kiemendeckel gleichmäßig hebt und senkt.

Eine weitere interessante Beobachtung mache ich bei einem Tauchgang auf der Suche nach alten Bergbaurelikten in einem Tonstich. Ein leuchtend orangefarbenes Teil am Grund vor mir weckt mein Interesse. Ich will mich schon über den möglichen Plastikmüll ärgern. Doch als ich nah genug bin, sehe ich die wulstigen Lippen einer Schleie. Bis auf das Maul steckt sie komplett im Schlamm und schützt sich so vor Parasiten.

links: Zum Schutz vor Parasiten und Räubern überwintern Schleien gern im schlammigen Grund des Sees.
oben links: Winterruhe im Schlamm, oben rechts: Das goldene Schuppenkleid der Schleie.

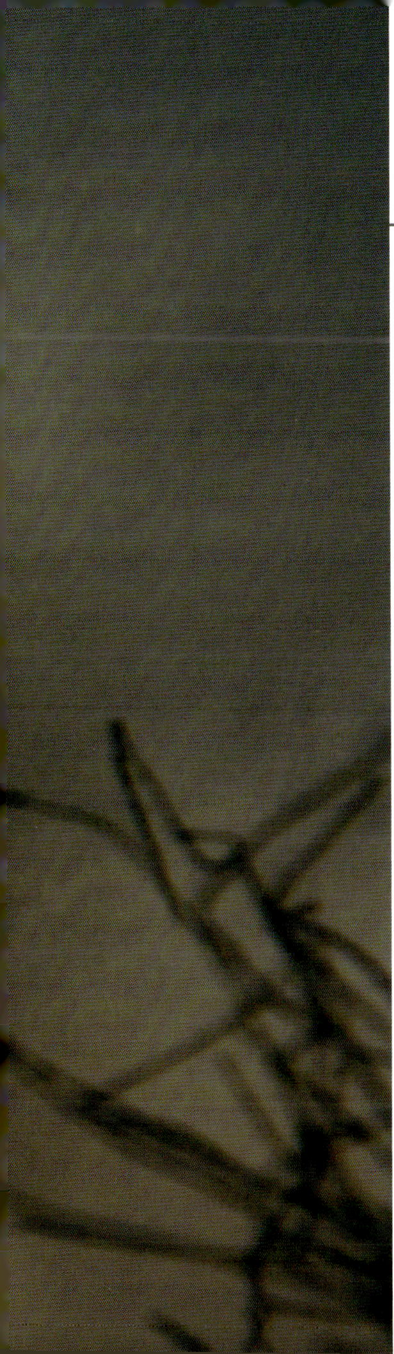

Stör
(Acipenseridae)

Begegnungen mit diesen majestätischen Urzeitfischen in ihrem natürlichen Habitat sind unvergesslich. Elegant und scheinbar mühelos gleiten sie durch das Wasser.

Störe mit ihren vielen Unterarten wie z. B. Sterlet, Hausen und Waxdick sind stark gefährdet und vom Aussterben bedroht. Wiederansiedlungsprojekte sollen den ausgestorbenen Europäischen und Atlantischen Stör in Nord- und Ostsee zurückbringen. Im Meer lebend, wandert der Stör zur Laichzeit in die Flüsse hinauf. Die urzeitlichen Knochenfische ähneln in ihrer Körperform den Haien. Die schuppenfreie Haut ist mit Reihen aus Knochenplatten besetzt. An der Unterseite des Kopfes, hinter einer Reihe von vier Barteln, sitzt das ausstülpbare Maul, mit dem sie den Boden durchwühlen und die darin lebende Nahrung aufnehmen.

S. 46/47: Sibirischer Stör im Schein der Lampe. Die vier Barteln vor dem ausstülpbaren Maul dienen dem Aufspüren der Beute.
links: Der Russische Stör (Waxdick) beim Wühlen nach Nahrung.
rechts: Russischer Stör ruhend am Grund.

Stör
(Acipenseridae)

Der Europäische Stör kann über 100 Jahre alt und mehrere Meter lang werden. Der Europäische Hausen- oder Beluga-Stör erreicht eine unvorstellbare Größe von 5–6 Metern Länge und ein Gewicht von über einer Tonne. Historische Abbildungen sowie ausgestellte, präparierte Fänge zeugen davon.

Sein schmackhafter Rogen, der Kaviar, eine beliebte und teure Delikatesse, wurde dem Stör zum Verhängnis. Unkontrollierte Fänge und Wilderei setzen der Population stark zu. Eingriffe in den natürlichen Lebensraum wie der Bau von Kraftwerken und Stauseen erschweren dem Wanderfisch den Aufstieg zu den Laichplätzen. Heute gibt es Zuchtanlagen für die Gewinnung des Kaviars, zur Reproduktion der Art und deren Wiederansiedlung.

Die hier abgebildeten Störe sind Besatzstöre aus gefluteten Steinbrüchen. Vom Betreiber einer Tauchbasis eingebracht, erhöhen sie die Attraktivität der Gewässer für Taucher. Sie sind beliebte Motive vieler Unterwasser-Fotografen. Neugierig umkreisen sie die Taucher und berühren beinahe deren Maske.

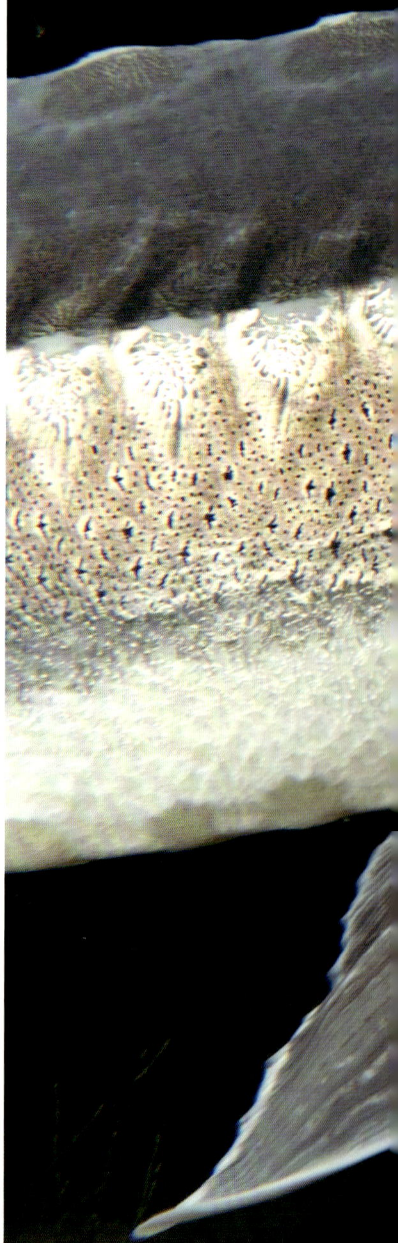

links: Russischer Stör. Die Körperform gleicht der eines Haies.
rechts: Reihen von Knochenplatten entlang des Körpers.

Die Schwärmer

Überall um mich herum funkeln Schuppen im Licht meiner Lampe wie kleine Sterne am Himmel. Bei meinen Tauchgängen bin ich oft unfreiwillig Teil eines umherziehenden, großen Fischschwarms. Es ist wundervoll. Doch so schnell sie kommen, ziehen sie auch wieder weiter.

Gemeinsam lebt es sich besser. Beutefische schätzen die Vorteile der Gemeinschaft und leben teils in sehr großen Schwärmen. Wie viele Tiere einem Schwarm angehören, vermag ich nicht zu schätzen. Der Einzelne ist im Schwarm schwer auszumachen und nicht leicht zu erwischen. Ich habe schon viele erfolglose Attacken beobachtet. Pfeilschnell schießen die Räuber in den Schwarm und genauso flink nehmen die kleinen Fische Reißaus. Beinah verzweifelt starten die Räuber Angriff um Angriff. Ein silbriger Schuppenregen zeugt unmissverständlich vom Erfolg der Jäger.

Das Leben im Schwarm bietet dem Einzelnen vielerlei Vorteile. Beim Fressen von Plankton im offenen Wasser sehen viele Augen mehr. Gefahr ist schnell erkannt. Ein Schwarm erleichtert ebenso die Partnersuche zur Fortpflanzung. Diese Form des Zusammenlebens sichert der Art das Überleben in einem Lebensraum, den sie mit hungrigen Jägern teilt.

S. 52/53: Güsterschwarm im Uferbereich.
links: Ruhende Güster bei einem Nachttauchgang.
rechts: Funkelnder Güsterschwarm, in dem sich auch Plötzen befinden.

Schwarmfisch ist nicht gleich Schwarmfisch. Die Wissenschaft unterscheidet Echte und Unechte Schwarmfische. Die Echten Schwarmfische beherrschen den Schwarm in Perfektion. Ausrichtung, Kommunikation und Koordination sind ganz auf den Schwarm ausgerichtet. Individuen verlieren als Einzeltiere schnell die Orientierung und haben ohne den Schwarm geringe Überlebenschancen. Die Kleine Maräne, ein Lachsfisch, ist ein Vertreter Echter Schwarmfische im Süßwasser.

Zu den Unechten Schwarmfischen gehören heimische Süßwasserfische wie Plötze, Rotfeder, Ukelei, Blei und Güster. Sie werden auch Gruppenfische genannt. Finden sich bei den Echten Schwärmern nur Fische einer Art zusammen, so beobachte ich in der Unterwasserwelt bei den Gruppenfischen einen Zusammenschluss mehrerer Arten. Die Fische weisen in der Regel die gleiche Körpergröße auf. Interessanterweise dulden Beutefische auch Räuber wie den Flussbarsch in der Gruppe. Allerdings nur bis zu einer Größe, die ihnen nicht gefährlich werden kann. Die kleinen Flussbarsche wissen ebenso um den Schutz des Schwarms vor ihren ausgewachsenen, kannibalistischen Verwandten.

links: Rotfedern nehmen ein Sonnenbad unter der Wasseroberfläche.
rechts: Schlafende Plötze (Rotauge) in der Nacht.

Mit Freude denke ich an das Aufeinandertreffen mit großen Fischschwärmen unter Wasser. Nähere ich mich ihnen unaufgeregt und entspannt, so dulden sie mich in ihren Reihen. Das blubbernde Geräusch der ausgeatmeten Luftblasen weckt in den kleinen Fischen für einen kurzen Moment den Fluchtreflex. Inmitten eines Fischschwarms lässt sich Interessantes beobachten. Parasiten wie Fischläuse und Fischegel sitzen fest auf der schuppigen Haut. Verletzungen an Flossen zeugen von Raubfischattacken oder Krankheiten. Häufig reißen die Fische das Maul weit auf. Andere hängen kopfüber im Wasser. Warum sie das tun, ist mir nicht klar. Sie wirken dabei sehr entspannt.

Fischreichtum ist keine Selbstverständlichkeit. Die großen Kinderstuben bleiben aus, wenn es in den Seen und Flüssen an naturbelassenen, unbebauten Ufern fehlt. Alte Bäume, Überhänge und Wurzeln sind schützende Rückzugsorte der Jungfischschwärme. Als Taucher erfährt man das unmittelbar. An monotonen Ufersäumen aus Holz und Beton wird man das sternengleiche Funkeln der Schuppen großer Schwärme nicht finden.

links: Ukelei ruht in der Nacht zwischen Wasserpest.
rechts: Plötzenschwarm im Schilf.

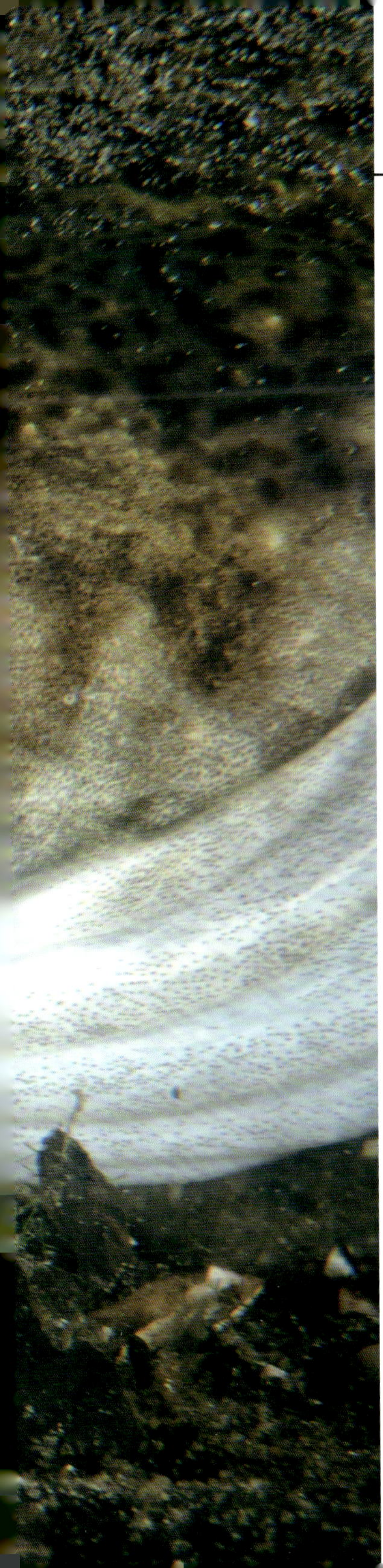

Die Nachtaktiven

Wenn die Sonne am Horizont verschwindet und Dunkelheit der Dämmerung folgt, nimmt das Treiben und Schwärmen ein jähes Ende. Die Stille der Unterwasserwelt erreicht eine neue Dimension. Die tagaktiven Fische kommen zur Ruhe und entwickeln ihre eigenen Strategien, die Nacht zu überleben. Die Nachtaktiven betreten die Bühne der heimischen Unterwasserwelt. Sie verlassen Höhlen und Verstecke und machen Nachttauchgänge zu einem besonderen Erlebnis.

S. 60/61: Auf 30 Metern Tiefe ruht diese prächtige Quappe.
links: Erfolgreiche Jägerin: Flussbarsch im Maul einer Quappe.
rechts: Europäischer Aal lugt aus seinem Versteck.

Europäischer Aal
(Anguilla anguilla)

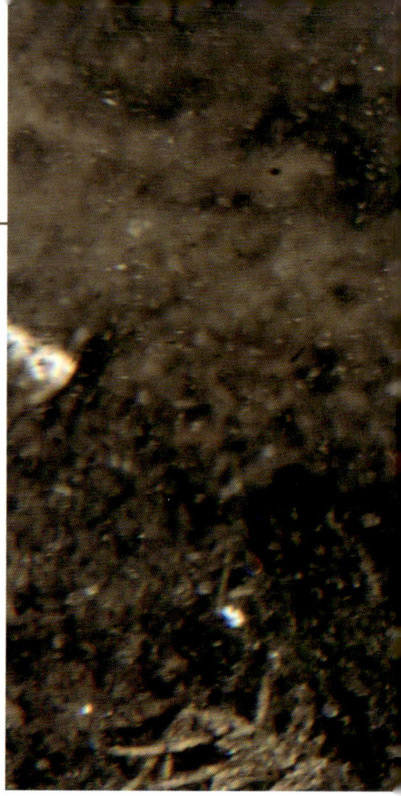

Auf dem Boden ruhend, in kleinen Verstecken kauernd oder im dichten Grün verschwunden, versuchen die kleinen Beutefische regungslos die Sinnesorgane der nachtaktiven Jäger zu überlisten. Wer sich bewegt, hat verloren. Kein einfaches Unterfangen. Denn unter den hungrigen Räubern befindet sich die „Supernase", der Europäische Aal. Er ist wohl der bekannteste Nachtaktive. Man sagt ihm nach, er könne einen gelösten Zuckerwürfel im Bodensee riechen *(Quelle: planet wissen, „Die Sinne der Fische")*. Wahrlich unvorstellbar. Neben einem ausgezeichneten Geruchssinn verfügen die Jäger über einen hoch entwickelten Ferntastsinn. Feinste Sinnesknospen unter der Haut als Bestandteil des Seitenlinienorganes registrieren geringste Druckänderungen.

Und dennoch scheinen die kleinen Beutefische nicht chancenlos. Bei meinen nächtlichen Streifzügen beobachte ich nicht selten, wie der suchende, jagende Aal nur wenige Zentimeter an seiner Beute vorbeischwimmt. Wenn er sie aufspürt, packt er sie beherzt mit seinem oberständigen, bürstenzahnbesetzten Maul. Auch dann ist er nicht immer erfolgreich. Erkennen die Jungfische die Gefahr, ergreifen sie blitzschnell aus dem Ruhezustand die Flucht. Allein eine Sedimentwolke und ein hungriger Aal bleiben zurück.

links: Blankaal im Schlamm. Nur der Kopf mit den auffälligen Nasenröhren schaut heraus.
rechts oben: Oberseite braun, Unterseite weiß. Gut zu erkennen das Seitenlinienorgan an Kopf und Körper.
rechts unten: Der unverwechelbare, schlangenartige Körper des Aals.

Europäischer Aal

(Anguilla anguilla)

Sein schlangenähnlicher Körper erlaubt dem Aal, seine Nahrung in den kleinsten Verstecken aufzuspüren. Junge Aale bevorzugen entsprechend kleinere Beute wie Schwebgarnelen, Flohkrebse oder junge Flusskrebse. Sie weiden Dreikantmuscheln großer Kolonien ab und verschmähen auch eiweißreichen Fischlaich nicht. Einem Zandermännchen im Mai setzen gleich mehrere Aale mächtig zu und plündern das Gelege. Aale, die sich hauptsächlich von Fisch ernähren, bilden mit der Zeit ein breiteres Maul gegenüber den Tieren aus, die Krebstiere und Larven bevorzugen. Man spricht von Breitkopf- und Spitzkopfaalen.

Obwohl die Aale nachtaktiv sind, kommt es hin und wieder auch tagsüber zu schönen Begegnungen. Meist aber liegen sie im Schlamm vergraben, in kleinen Höhlen versteckt oder auf Ästen alter Bäume und dösen bis zur Dämmerung. Nicht selten schaut nur der Schwanz oder der Kopf neugierig aus der gewählten Ruhestatt.

Der Aal erreicht eine Länge von einem guten Meter. Sein Lebenszyklus ist einzigartig. Bis zum Erreichen des geschlechtsreifen Alters lebt der Wanderfisch in unseren Gewässern. Dann setzen große Veränderungen in Vorbereitung für eine lange Reise ein. Gut sichtbar sind die silbrige Bauchseite und die merklich vergrößerten Augen. Als Blank- bzw. Silberaal zieht er zur Fortpflanzung über die Flüsse und den Nordatlantik in die Sargassosee. Dabei legt er auch Strecken an Land über feuchte Wiesen zurück. Die einem Weidenblatt ähnelnde Fischlarve entwickelt sich zum Glasaal und steigt nach drei Jahren als Steigaal wieder die Flüsse hinauf zu ihren Süßwasserlebensräumen. Barrieren, Bollwerke und Verschmutzungen setzen dem Aal allerdings zu und machen ein erfolgreiches Wandern unmöglich. Die Unterwasserbegegnungen mit dem unverwechselbaren Fisch werden seltener. Die Population in unseren Breiten wird durch Besatzaale aus kontrollierten Wildfängen von Glasaalen im Atlantik durch Berufsfischer und Angelverbände gesichert.

links: Mit weit aufgerissenem Maul. Viele kleine Haltezähne verhindern ein Entkommen der gefassten Beute.

Quappe
(Lota lota)

Wer schon einmal einen Dorsch im Schaubecken des Ozeaneums in Stralsund oder anderswo gesehen hat, der kennt die typische Kinnbartel des im Salzwasser lebenden Dorschfisches.

Ein Verwandter des Dorsches, die Quappe, lebt in unseren hiesigen Seen und Flüssen. Sie ist ein ausgesprochener Süßwasserfisch und trägt ebenso die dorschtypische Kinnbartel. Im Süden Deutschlands wird die Quappe auch Trüsche oder Rutte genannt. Ihr marmoriert goldgelbes Schuppenkleid macht sie zu einem prächtigen Fisch. Die lang gestreckte Körperform erinnert an einen Wels. Eine weitere Besonderheit der nachtaktiven Quappe sind die kehlständigen Bauchflossen. Anders als bei vielen anderen Fischen sind diese dicht am Kopf und noch vor den Brustflossen angesetzt. Das Flossenpaar nutzt die Quappe zur kriechenden Fortbewegung am Gewässergrund. Am Boden lebend, bevorzugt sie einen festen Untergrund mit vielen Versteckmöglichkeiten. Sie liebt das kalte, sauerstoffreiche Wasser und ist daher vorwiegend in Fließgewässern und in Seen mit großen, tiefen Wasserkörpern zu finden. Bei meinen Tauchgängen im Bodensee oder dem Starnberger See treffe ich an den zerklüfteten Unterwasserhängen bis auf 60 Meter Tiefe auf diese wunderschönen Fische.

links: Quappe, mit der markanten Kinnbartel eines Dorschartigen und kehlständigen Bauchflossen.
rechts: Fangen ist das eine, Schlucken das andere. Der Quappe gelang es nicht, den Flussbarsch zu drehen. Er entkam.

Quappe

(Lota lota)

Tagsüber ruht die Quappe in ihren Verstecken und ist nur schwer auszumachen. Zurückgezogen in kleinen ausgewaschenen Höhlen einer Mergelwand, unter Totholz oder in Wracks gesunkener Kähne und Boote wartet sie auf das Einsetzen der Dämmerung, um auf Jagd zu gehen. Im Unterschied zu allen anderen Fischen unserer heimischen Unterwasserwelt hat die Quappe ihre aktive Zeit in den kalten Wintermonaten. Im Sommer verharrt sie in einer Art Ruhezustand. Dann sind Begegnungen auch bei Nachttauchgängen eher selten.

Fallen die Wassertemperaturen im Herbst mit den kalten Nächten, erwachen die bis zu einem Meter langen Süßwasserdorsche aus dem Dornröschenschlaf und beginnen zu fressen. Entsprechend ihrer Größe nehmen sie jede auffindbare tierische Kost von Würmern bis zum Fisch auf. Schlängelnd am Boden suchen sie mithilfe ihrer Bartel nach Beute. Und ehe sich der kleine Flussbarsch versieht, landet er zwischen den kräftigen Kiefern der Quappe. Mit geschickten Schüttelbewegungen befördert die erfolgreiche Jägerin ihr Mahl in den Schlund.

Quappen können 10–20 Jahre alt werden. Ab dem dritten Lebensjahr erreichen sie die Geschlechtsreife. Sinken die Wassertemperaturen auf 2–4 Grad Celsius, geraten die Quappen in Paarungslaune. Sie finden sich in Gruppen zusammen. Von regelrechten Paarungsknäulen bei der Eiablage ist zu lesen. Genau dieses Naturschauspiel will ich mit eigenen Augen sehen. Die Neugier lässt mich immer wieder mein Tauchzeug schultern. Die Suche nach den unvergesslichen Beobachtungen treibt mich an. Und so unternehme ich im Winter bei klirrender Kälte mehrere Nachttauchgänge. In einem See, in dem ich von einer Population Quappen weiß, tauche ich unter das Eis. Man muss gute Gründe und einen ebenso leidenschaftlichen Tauchpartner haben, um bei –15 Grad und völliger Dunkelheit in den See hinabzusteigen. Das Wasser ist klar, und Zooplankton tanzt im Schein der Lampe. Wir suchen die Uferbereiche ab und tauchen schrittweise tiefer. Einzelne Quappen im prächtigen Schuppenkleid jagen im Revier. Paarungsabsichten lassen sie heute nicht erkennen. Weitere Tauchgänge in den nächsten Tagen bestätigen die steigende Aktivität der Süßwasserdorsche im Winter. Wir sehen frei schwimmende Tiere, die gab es im Sommer nicht. Die Beobachtungen sind beeindruckend, doch der Akt der Paarung bleibt uns verborgen.

rechts oben: Tagsüber ruhend am Grund des Sees.
rechts mittig: Das fein gezeichnete Hautmuster kommt einem Fingerabdruck gleich.
rechts unten: Außergewöhnliche Zeichnung der Haut. Auffällig die lange, zweigeteilte Rückenflosse.

Kaulbarsch
(Gymnocephalus cernua)

Für mich sind sie die Bernsteine unserer Gewässer. Im Licht funkelt die kunstvoll pigmentierte Haut der Fische wie kleine Bernsteine in der Sonne.
Für den Taucher sind sie schwer auszumachen, denn sie kauern mit einer Länge von maximal zehn Zentimetern und gut getarnt meist am Boden. Gilt der Kaulbarsch als tag- und nachtaktiv, so beobachte ich bei den kleinen Räubern aktiveres Treiben in den Dämmerungs- und Nachtstunden. Tagsüber findet man Fische einzeln versteckt unter Hölzern und Steinen gemeinsam mit Schnecken und Flusskrebsen oder in größeren Schwärmen im Schutz von Unterwasserpflanzen.

Die große, zweigeteilte Rückenflosse mit den stachligen Flossenstrahlen macht den Kaulbarsch erkennbar zu einem Echten Barsch. Ein kräftiger Stachel am Ende der beiden Kiemendeckel komplettiert die Wehrhaftigkeit des kleinen Fisches. Nicht nur des Anglers Hand, sondern auch der ein oder andere Fressfeind bekommen das zu spüren.

Mit der Dämmerung verlassen die Kaulbarsche ihre Verstecke und stellen Zooplankton, Wirbellosen, Schwebgarnelen und kleinen Fischen nach. Gerade bei den Nachttauchgängen lässt sich beobachten, wie die Räuber kleine Garnelen regelrecht aus einem Schwarm „pflücken".

In den Wintermonaten ziehen die Kaulbarsche in größeren Schwärmen in die Tiefen des Sees. Am Grund ruhen sie in großer Zahl, um im Frühling in die flacheren Uferbereiche zurückzukehren und mit der Paarung zu beginnen. Wenige Tage nach der Eiablage schlüpft der Nachwuchs. Da die Pigmentierung fehlt, wirkt er nahezu transparent.

S. 72/73: Fein gemusterte und pigmentierte Haut des kleinen Räubers.
rechts: Die Stachelstrahlen der aufgestellten Rückenflosse schützen vor Fressfeinden.

Kaulbarsch

(Gymnocephalus cernua)

links oben: Junger Kaulbarsch mit beinah transparenter Haut, links unten: Typische Ruheposition in der Nacht.
rechts: Versteckt in einem kleinen Unterschlupf.

Die Überlebenskünstler

Nur wer Antworten auf vielfältige Herausforderungen und Veränderungen seines Lebensumfeldes hat, sichert seine Art. Auch in der Unterwasserwelt entwickeln die Bewohner verschiedene Strategien. Die Anpassungsfähigsten haben in einer sich verändernden Umgebung die größten Überlebenschancen. Frostschutz im Blut gegen Kälte, Darmatmung bei Sauerstoffmangel im Wasser, Verbuttung als Antwort auf fehlendes Nahrungsangebot oder die ungeschlechtliche Vermehrung sind nur einige Beispiele der evolutionären Raffinesse.

S. 78/79: Kannibalismus gehört zur Überlebensstrategie.
links: Nahaufnahme eines Flussbarsches.
rechts: Karauschen über einer Wiese aus Hornblättrigen Armleuchteralgen.

Flussbarsch
(Perca fluviatilis)

Ob Klarwassersee oder trüber Tümpel, Fließgewässer oder Brackwasser, der Flussbarsch ist überall anzutreffen. Ich bin schon in viele kleine Tümpel, unscheinbare Weiher und abgelegene Kiesseen gesprungen, um die Unterwasserwelt zu erkunden. Keiner meiner zahllosen Unterwasserstreifzüge ist ohne Begegnung mit Flussbarschen. Selbst wenn das Gewässer leblos scheint, das Wasser trüb, die Pflanzenwelt karg und der Seegrund faulig ist, huschte irgendwo ein Flussbarsch vorbei.

Der Räuber ist einer der anpassungsfähigsten Fische in unseren Gewässern. Und außerdem ein wahrer Pionierfisch. Als eine der ersten Arten sind die Flussbarsche in neu zu besiedelnden, künstlich geschaffenen Seen wie ehemaligen Tagebaurestlöchern anzutreffen. Um unter widrigen Bedingungen zu überleben, sind sie bei der Nahrungssuche nicht wählerisch. Insekten, Würmer, Krebstiere, Muscheln bis hin zu Fischen landen in ihren Mägen. Dabei machen sie auch vor der eigenen Art nicht Halt. Ausgeprägter Kannibalismus ist bei Flussbarschen häufig zu beobachten. Auf Nahrungsmangel reagieren die Fische mit Verbuttung. Das ist eine Art Wachstumsstopp nach Erreichen der Geschlechtsreife.

Sein unverwechselbares Erscheinungsbild ist geprägt durch auffällig dunkle Querstreifen am ganzen Körper, eine geteilte, aufstellbare Rückenflosse und die knallroten Bauch- und Schwanzflossen. So lässt sich der Flussbarsch zweifelsfrei bestimmen. Er ist wirklich ein farbenfroher Fisch, der mit gut einem halben Meter Länge zu einem stattlichen Räuber auswachsen kann.

Meistens treffe ich den Flussbarsch in kleinen Gruppen vagabundierend durch die Gewässer streifen. Sie finden sich zeitweise zu riesigen Schwärmen zusammen. Die Begegnung mit ihnen ist eindrucksvoll. In der Regel sind es die kleinen und halbstarken Fische, die den Schutz des Schwarms suchen. Kapitale Exemplare bevorzugen kleinere Gruppen. Sie jagen gemeinsam oder ziehen als Einzelgänger durch das Revier.

Jagende Flussbarsche beobachte ich zu jeder Tages- und Nachtzeit.

S. 82/83: Gruppe halbstarker Flussbarsche.
rechts: Erfolgreiche Jagd. Nur das Schwanzende eines Steinbeißers schaut aus dem Maul.

Flussbarsch
(*Perca fluviatilis*)

Ein auf sandigem Grund liegender Flussbarsch weckt meine ganze Aufmerksamkeit. Kopfüber steckt ein Steinbeißer zwischen den Kiefern des Jägers. Ein kräftiges Schlagen des auffällig gemusterten Hinterteils verrät den ungebrochenen Überlebenswillen der Beute. Immer wieder versucht der Flussbarsch, den kleinen Fisch in den Schlund zu befördern. Doch dann plötzlich erscheint der Kopf des Steinbeißers hinter dem Kiemendeckel des Jägers. Es ist ihm tatsächlich gelungen, noch vor dem todbringenden Schlund abzubiegen. Es dauert kaum zehn Minuten, dann entkommt der Steinbeißer durch die Kiemen des Flussbarsches und bleibt am Leben.

Flussbarsche sind gute Anzeiger für Unterwasserstrukturen. Sie versammeln sich an natürlichen und künstlichen Gebilden, wie alten Bäumen oder Wracks. Dort verbringen sie in den tieferen Wasserschichten die Wintermonate, um im Frühjahr wieder in die Uferbereiche aufzusteigen und mit der Paarung zu beginnen. Im März/April sind weit verbreitet die kunstvoll verklebten Laichstränge der Flussbarsche zu finden. Sie hängen über Zweigen und Pflanzen oder liegen am Grund des Sees. Flussbarsche betreiben keine Brutpflege. Sie überlassen den Nachwuchs sich selbst.

In den Eiern wachsen die Larven schnell heran. Schon bald sind die dunklen Augenpaare des neuen Lebens zu erkennen. Für Flusskrebse oder die kleinen Wassermilben sind die Eigelege eine willkommene Abwechslung auf dem Speiseplan. Am Ende schlüpfen trotzdem ausreichend Larven, um die Art zu erhalten.

links: Wie Lametta hängt der kunstvolle Laich über einem Ast.
mittig: Der Nachwuchs wächst in den Eiern heran. Die dunklen Augen der Fischlarven sind gut zu erkennen.
rechts: Gib niemals auf! Der Steinbeißer entkommt über den Kiemendeckel.

Karausche
(Carassius carassius)

Die Karausche wird meist wegen ihrer hervorragenden Anpassungsfähigkeit in kleinen, trüben Tümpeln verortet. Tatsächlich besitzen Karauschen die Fähigkeit, in sauerstoffarmen Gewässern zu überleben. Selbst in trockengefallenen Teichen überdauert sie einige Tage unbeschadet. Karauschen sind ebenso in großen, klaren Gewässern anzutreffen. Ausgeprägte Unterwasserpflanzenpopulationen sind für die karpfenähnlichen Fische lebenswichtig.

In kleinen Gruppen ziehen die Fische umher und weiden das Zooplankton und allerlei Kleingetier von den Pflanzen, verstecken sich im Dickicht vor Fressfeinden und legen ihre klebrigen Eier zur Paarungszeit im Frühsommer an den Wasserpflanzen ab.

Der auch als Bauernkarpfen bekannte Fisch sieht dem Schuppenkarpfen durchaus ähnlich, doch fehlen ihm die markanten Karpfenbarteln am Maul. Mit bis zu 30 Zentimetern Länge ist die Karausche kein ganz kleiner Fisch. Sein hochrückiger Körper ist ganzheitlich mit goldgelben Schuppen besetzt.

In einem Klarwassersee in der Uckermark erlaubt mir eine Gruppe von etwa zehn Karauschen, sie zu begleiten. Beinah tiefenentspannt dulden sie den schwarzen Taucher an ihrer Seite und gewähren mir kurze Einblicke in ein Karauschenleben.
Immer auf der Suche nach Fressbarem streifen sie gemächlich über eine Wiese aus Hornblättriger Armleuchteralge und Gewöhnlichem Wasserschlauch. Hin und wieder stoßen sie zwischen den Pflanzen Richtung Boden und nehmen etwas Sand auf, um die darin lebenden Kleintiere auszufiltern. Unverdauliches wird über das Maul sofort wieder ausgeschieden.

Karauschen bevorzugen warme Gewässer. Den Winter verbringen sie, wie ihre Verwandten, die Karpfen, im Schlamm am Gewässergrund. Alkohol im Blut lässt die Fische sogar in durchgefrorenen Tümpeln überleben.

Trotz ihrer besonderen Anpassungsfähigkeit nimmt die Population des heimischen Fisches wegen des Verschwindens naturbelassener, pflanzenreicher Lebensräume ab.

S. 88: Karauschen sind gesellige Tiere und häufig in kleinen Gruppen anzutreffen.
S. 89: Karauschen über einer Wiese aus Hornblättrigen Armleuchteralgen.
links: Prächtige Karausche vor Gewöhnlichem Wasserschlauch.

Die Stacheligen

Dornen und Stachel sind in der Pflanzen- und Tierwelt bewährte Abwehrmechanismen gegen Fressfeinde. Neben Tarnung, Täuschung, Stärke und Schnelligkeit sind diese Waffen eine weitere Überlebensstrategie in der Unterwasserwelt.

S. 92/93: Das Stichlingsmännchen im farbenprächtigen Hochzeitskleid.
links: Dreistachliger Stichling. Mit aufgestellten Stacheln zur Nachtruhe.
rechts: Nur der Kopf schaut aus dem Sand. Ein Steinbeißer mit seinem typischen bartelbesetzten Maul.

Dreistachliger Stichling
(Gasterosteus aculeatus)

Namensgebend für diesen kleinen Räuber sind drei aufstellbare Stacheln auf seinem Rücken. Nur wenige Zentimeter groß, gehört der Dreistachlige Stichling zu den Zwergen der heimischen Fischfauna. Der Barschartige ernährt sich räuberisch von Zooplankton, Insekten, Würmern und verschmäht auch den Fischlaich anderer Arten nicht. Seine Haut ist braunschwarz marmoriert und schimmert metallisch. Sie trägt keine Schuppen. Kleine Knochenplatten beschilden den schlanken Körper teilweise oder komplett. Große Brust- und Schwanzflossen sorgen für einen schnellen Antrieb und Wendigkeit.

In den warmen Sommermonaten finde ich Stichlinge im Uferbereich im Schutz von Wasserpflanzen. Dort gehen sie in Schwärmen oder kleinen Gruppen dem Fressen nach. Mit fallenden Wassertemperaturen ziehen sie sich zurück in tiefere Wasserschichten. Am Grund im Schlamm oder inmitten von Muschelkolonien überdauern die kleinen Fische den Winter.

Ein wahres Unterwasserschauspiel offenbart sich im Frühjahr, wenn das Männchen sein schönsten „Kleid" anzieht: Der Kopf und die Unterseite erstrahlen in einem leuchtenden Orangerot. Die Augenringe und Seitenpartien färben sich türkisblau. Es ist Paarungszeit. Zu dieser Zeit steige ich bewusst in den See, um mir das aufregende Treiben dieser kleinen Fische anzuschauen.

links: Gut versteckt in einer Dreikantmuschelkolonie.
rechts: Das hübsche Männchen fächelt dem Nachwuchs frisches Wasser zu.

Dreistachliger Stichling
(Gasterosteus aculeatus)

Pflanzenteile, Muschelreste, Steinchen und anderes seetypisches Material werden mit einem körpereigenen Sekret zu einem kleinen Nest verklebt. Mit dem Maul formt das Männchen die eigentliche Nestmulde. Es prüft sie kritisch und korrigiert immer wieder. Am Ende lockt das Stichlingsmännchen mit einem flotten Zick-Zack-Tanz ein Weibchen an. Zeigt sich das Weibchen mit dem Nest zufrieden, legt es seine Eier hinein. Sie werden unmittelbar vom Männchen befruchtet.

Von nun an betreibt das Männchen aufopferungsvoll Nestpflege und beißt jeden Angreifer weg. Mit schnellen Bewegungen der großen Brustflossen wird in kurzen Abständen regelmäßig frisches Wasser durch das Gelege gefächelt. Fortwährend wird das Nest begutachtet und ausgebessert. Wer die signalgebende Färbung des Männchens nicht erkennt und sich dem Nest nähert, wird unweigerlich und ungeachtet eines Größenunterschiedes vom mutigen Stachelritter attackiert. Es ist wirklich erstaunlich zu sehen, wie die großen Flussbarsche beeindruckt Reißaus nehmen. Wagt ein unerfahrener Angreifer, den kleinen Stichling ins Maul zu befördern, so spuckt er diesen wegen seiner Stacheln ebenso schnell wieder aus.

Nach dem Schlupf verweilen die kleinen Larven noch für ein paar Tage am Nest. Die zwei Wochen Brut- und Nestpflege sind für die Stichlingsmännchen kräftezehrend und stressvoll. Nicht selten enden sie in einem Erschöpfungstod.

links: Der Nachwuchs ist geschlüpft. Noch wenige Tage bleiben sie am Nest und nutzen den Schutz des Männchens.
rechts: Goldglänzendes Weibchen mit angelegten Stacheln.

Steinbeißer
(Cobitis taenia)

Erzähle ich von Steinbeißer-Begegnungen bei meinen Tauchgängen, denken viele sofort an den Speisefisch aus den kalten Nordmeeren. Doch der kleine Süßwasserfisch hat nichts gemein mit dem vermeintlichen Seewolf.

Interessanterweise finde ich den vorwiegend nachtaktiven Fisch in einigen Seen direkt an Badestellen. Das Treiben der Menschen wälzt den Sand um. Altes Laub umliegender Bäume wird weggespült und die sandige Fläche freigehalten. Der am Grund lebende Steinbeißer benötigt zum Wohlfühlen einen Lebensraum, der aus einem sauberen, sandigen Boden besteht und eine gute Wasserqualität aufweist. Die kleine Schmerlenart wird nur zehn Zentimeter lang. Sein schlanker, lang gestreckter Körper erlaubt es dem Steinbeißer, mit wenigen Flossenschlägen in den Sand einzutauchen. Gut versteckt verbringt er dort die meiste Zeit des Tages. Nur die Spuren seiner „kriechenden" Fortbewegung im Sand verraten die Anwesenheit des kleinen Fisches. Die Steinbeißer leben in einer Art Gemeinschaft. In ihrem Habitat finden sich mehrere Exemplare in unmittelbarer Nachbarschaft.

S. 100/101: Ein ausgewachsener Steinbeißer mit prächtigem Hautmuster.
links: Die Form des Mauls mit den sechs empfindlichen Barteln ist ideal zum Auffinden der Beute im Sand.
rechts: In Gesellschaft eines kleinen Kamberkrebses.

Steinbeißer
(Cobitis taenia)

Die kleinen Fische ernähren sich vom Zoobenthos, also kleinsten Lebewesen, die im Boden leben. Dazu saugt der Steinbeißer den Sand mit seinem unterständigen Maul auf, wobei sechs Barteln beim Aufspüren der Nahrung helfen. Kiemenreusen trennen Sand von Nahrhaftem und scheiden die unverdaulichen Reste über die Kiemendeckel wieder aus. Wenn ich diese Art der Nahrungsaufnahme beobachte, verstehe ich den Namen Steinbeißer.

Einzigartig und wunderschön sind die Hautmuster dieser geschützten Fischart. Auf einem hellen Gelb finden sich kunstvolle braune Bänder aus Mustern, die den kleinen Fisch mit seiner Umgebung verschmelzen lassen. Die Muster sind wie Fingerabdrücke, bei jedem Exemplar einzigartig.

Doch was hat der Steinbeißer nun mit den „Stacheligen" zu tun? Kaum sichtbar, befindet sich unter jedem Auge ein ausklappbarer Stachel, der einen Angreifer in die Flucht schlagen soll. Diese Stacheln verleihen dem Fisch auch den Namen Dorngrundel.

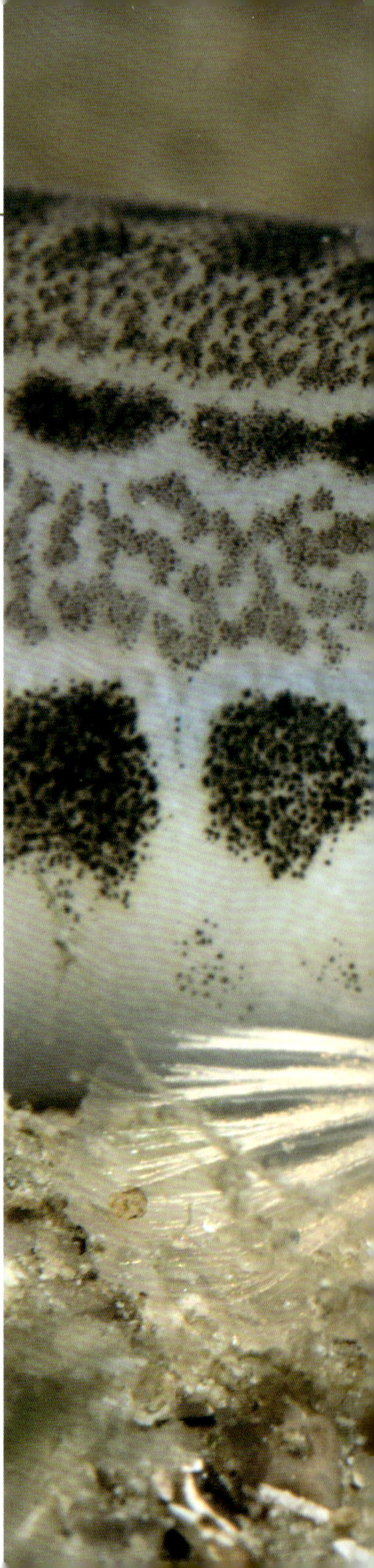

links: Tagsüber verbringt er beinah unsichtbar die meiste Zeit im schützenden Sand.
rechts: Nahaufnahmen lassen die feine Pigmentierung der Haut und den kleinen, ausklappbaren Stachel unter dem Auge erkennen.

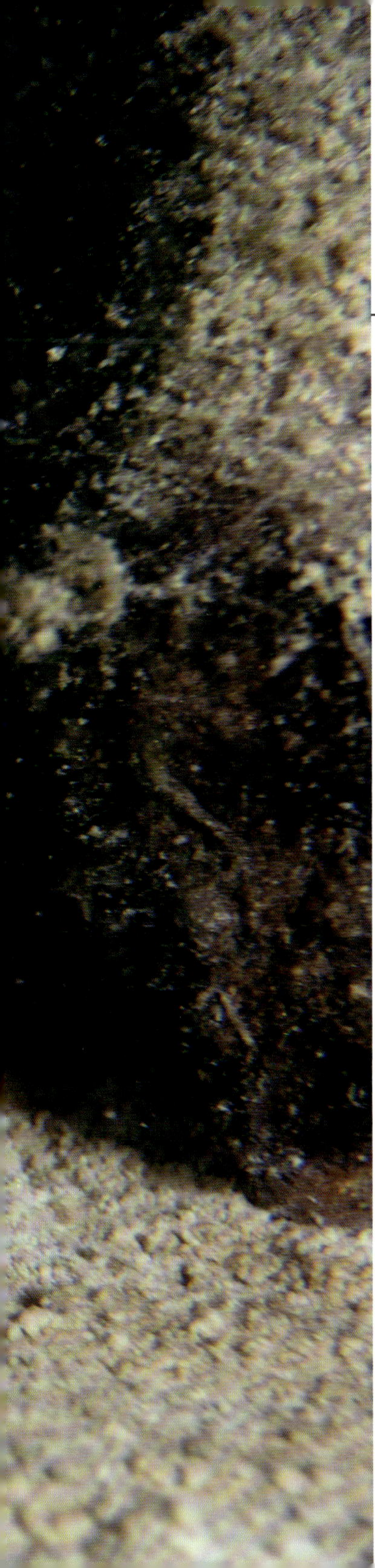

Die Gepanzerten

Großkrebse

(Astacidea)

Sie tragen Panzer aus Chitin, sind mit kräftigen Scheren bewehrt, schreiten auf vier Beinpaaren majestätisch über den Grund und schwimmen bei Flucht mit einem kräftigen Schwanzschlag rückwärts. Als Kinder haben wir sie mit Händen aus kleinen Bächen oder Ufersäumen gefischt und die Kraft der Scheren schmerzhaft zu spüren bekommen. Wir kennen sie alle, Flusskrebse. Doch kennen wir sie wirklich? Flusskrebs ist nicht gleich Flusskrebs.

In unseren Bächen, Flüssen und Seen zählen der Europäische Edelkrebs, Steinkrebs und Dohlenkrebs zu den heimischen Arten.

S. 106/107: Die grüne Variante eines Edelkrebses vor seiner Höhle in einer Mergelwand.
links: Drohend stellt der Edelkrebs die massigen Scheren auf. Die roten Unterseiten warnen: Nicht weiter!
rechts: Stattliches Exemplar eines Edelkrebses auf Wanderschaft.

Europäischer Edelkrebs
(Astacus astacus)

Der Edelkrebs galt als weitverbreitet. Heute sind die heimischen Arten nur noch in wenigen, isolierten Habitaten anzutreffen. Sie werden verdrängt durch invasive Arten wie den Kamberkrebs, Signalkrebs, Sumpfkrebs und Marmorkrebs. Die höhere Vermehrungsrate und Widerstandsfähigkeit sichert den Zugezogenen eine erfolgreiche, dauerhafte Besiedlung hiesiger Süßwasserlebensräume. Die durch den Menschen verursachte Ausbreitung wird durch die ebenso eingeschleppte Krebspest, eine tödliche Pilzkrankheit, rasant verstärkt. Die invasiven Flusskrebsarten sind dagegen resistent, für die heimischen Arten bedeuten sie den sicheren Tod. Daher gibt es in einem Gewässer kein dauerhaftes Zusammenleben heimischer und gebietsfremder Tiere.

Treffe ich in unbekannten Gewässern auf Flusskrebse, gilt meine ganze Aufmerksamkeit deren Bestimmung. Ein kräftiger Körper, knallrote Scherengelenke, rote Scherenunterseiten und zwei Paar Augenleisten sind die Erkennungsmerkmale für den Europäischen Edelkrebs. In den meisten Fällen zeigen sich mir kastanienbraune Streifen auf dem Schwanz, Dornen unter dem Auge und orangefarbene Scherenspitzen, die eindeutigen Merkmale des invasiven Kamberkrebses.

links: Rote Scherenunterseiten sind ein Erkennungsmerkmal des Edelkrebses.
rechts: Farbvielfalt des Edelkrebses.

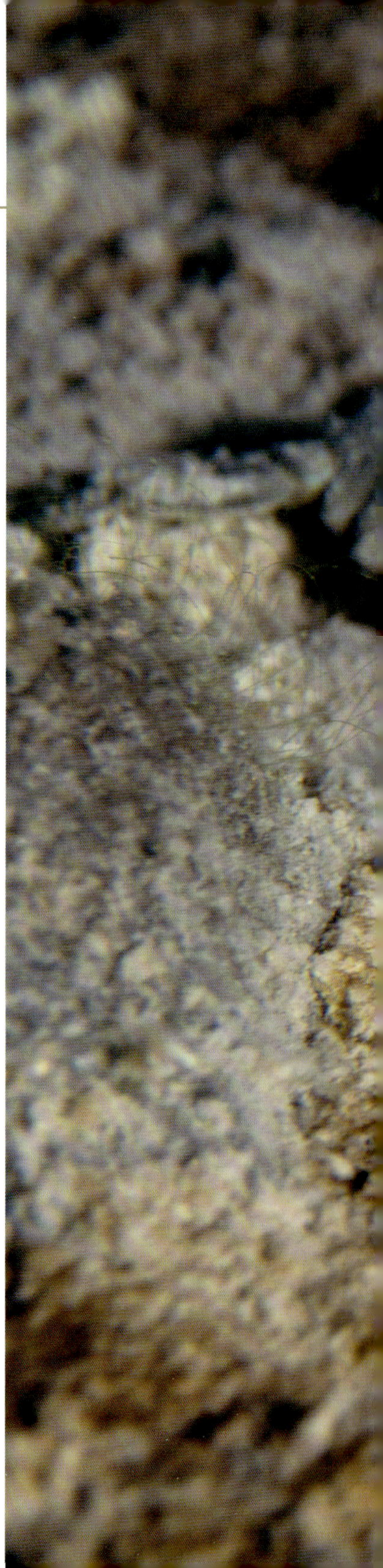

Kamberkrebs
(Orconectes limosus)

Bei meinen Tauchgängen ist der Kamberkrebs die am häufigsten anzutreffende Flusskrebsart. Wanderfreude, geringe Ansprüche an die Wasserqualität, Resistenz gegen die Krebspest und eine hohe Reproduktionsrate sind Faktoren für seine weite Verbreitung. Während man Flusskrebse auch tagsüber antreffen kann, so sind Kamberkrebse in der Regel nachtaktiv. In kleinen Verstecken oder im Schlamm vergraben, warten die Tiere auf den Einbruch der Dämmerung, um im Schutz der Dunkelheit auf Nahrungssuche zu gehen. Endlose Spuren verraten die Anwesenheit der Krebstiere und belegen deren Wanderschaft. Muscheln, Schnecken, Fischlaich und kleine Fische werden mit den großen Zangen gepackt, zerkleinert und zu den Mundwerkzeugen geführt. Erstaunt beobachte ich, wie ein großer Kamberkrebs einen kleineren Artgenossen zerlegt und verspeist. Das Verwerten toter Tiere verleiht dem Krebs den Ruf der Gesundheitspolizei.

links: Ein Kamberkrebs inmitten von Bartleuchteralgen.
rechts: Kannibalismus. Ein ausgewachsener Kamberkrebs frisst einen kleinen Verwandten.

Kamberkrebs
(Orconectes limosus)

Mit abnehmenden Wassertemperaturen zum Herbstanfang beginnt bei den Krebstieren die Paarung. Dabei packt das Männchen das Weibchen mit seinen Scheren und wirft es auf den Rücken. Während des stundenlangen Aktes hält er die Partnerin fest umklammert. Die Eier trägt das Weibchen bis zum Schlupf mithilfe vieler kleiner Füße im Schutz des kräftigen Schwanzes.

Die kleinen Krebse wachsen schnell heran. Da ihr Panzer aus Chitin nicht mitwächst, wird er mehrfach abgelegt und gegen einen neuen getauscht. Die leeren Hüllen zeugen von diesem Vorgang. Für einen kurzen Zeitraum, bis zum Aushärten der neuen Rüstung, ist der Krebs weich und verwundbar, ein Butterkrebs.

oben links: Eigelege im Schutz des kräftigen Schwanzes eines Weibchens.
oben rechts: Gut sichtbar sind die Erkennungsmerkmale eines Kamberkrebses.
rechts: Typisches Paarungsverhalten der Flusskrebse.

Galizischer Sumpfkrebs
(Astacus leptodactylus)

Neben den wanderfreudigen Kamberkrebsen begegne ich in einigen Steinbrüchen dem Galizischen Sumpfkrebs. Ein auffälliges Merkmal dieser Krebsart sind die langen, schlanken Scherenpaare. Das Vorkommen in diesen Gewässern ist auf Besatz zurückzuführen.

Einige „exotische" Flusskrebsarten werden wegen ihrer schönen Färbung in Aquarien gehalten. Ausgesetzt besiedeln sie aufgrund ihrer Anpassungsfähigkeit heimische Lebensräume.

So machte der Rote Amerikanische Sumpfkrebs im Sommer 2020 durch sein massenhaftes Auftreten in Berlin von sich reden. Auf der Suche nach neuen Gewässern wanderten sie gut sichtbar bei Regen durch die Stadt.

links: Galizischer Sumpfkrebs mit seinen typisch lang gestreckten Scheren.
rechts: Galizischer Sumpfkrebs auf Wanderschaft.

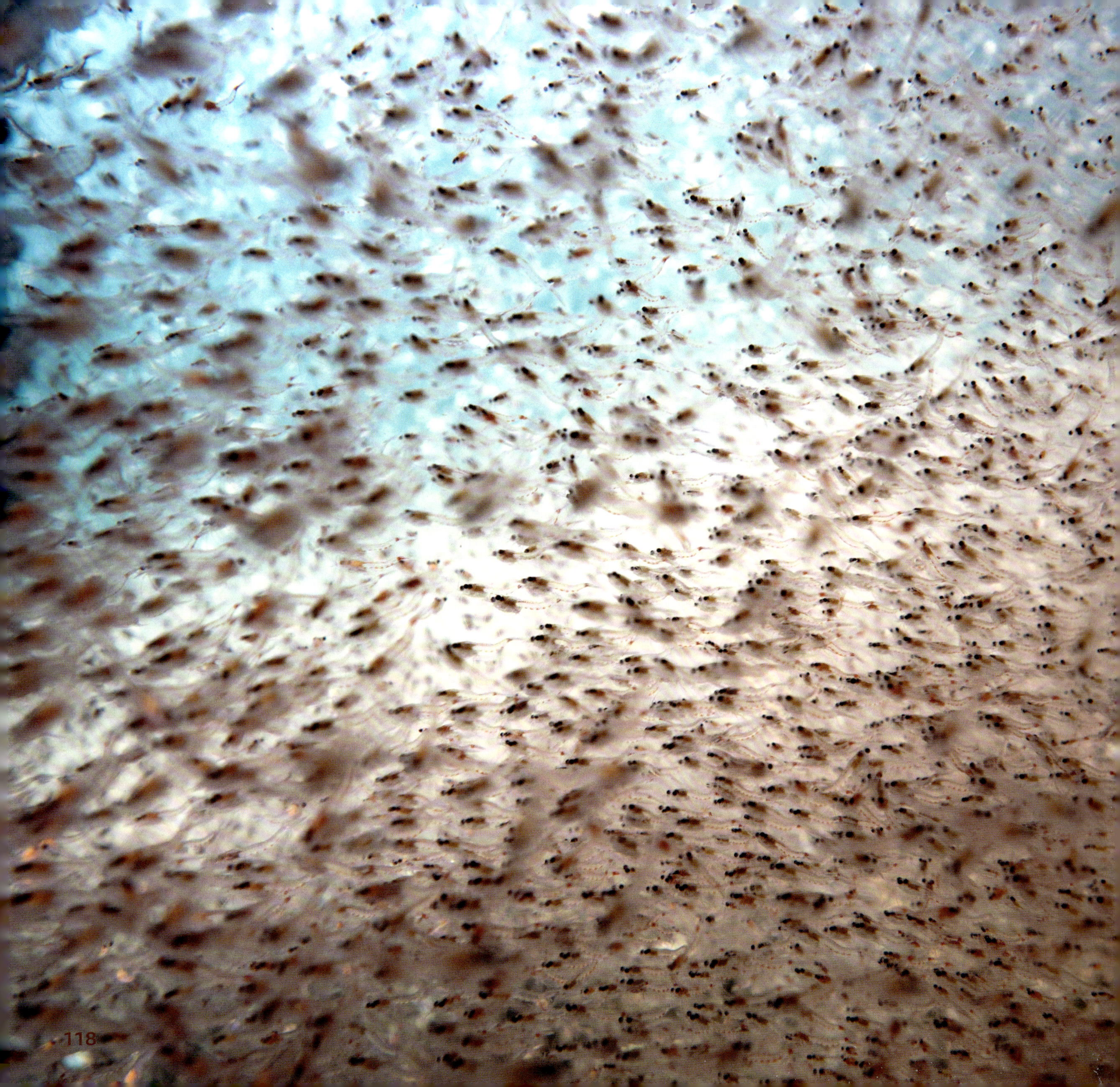

Kleinkrebse

Schwebegarnele
(Mysida)

Neben Flusskrebsen leben weitere Krebstiere in den Seen und Flüssen. Kaum erkennbar huschen Schwebegarnelen, Flohkrebse und Wasserasseln als Vertreter der Ranzenkrebse zwischen Muschelkolonien und Wasserpflanzen aufgeregt hin und her. Sie sind nur wenige Millimeter groß. Erst in der Masse fallen sie auf.

In kleinen Höhlen und Nischen, meist auch in Gesellschaft mit Flusskrebsen, tanzen Gruppen von rosa Schwebegarnelen. Mit dem Ballastwasser großer Lastkähne oder als Fischfutter kommen die kleinen Ranzenkrebse in unsere Gewässer. Sie sind willkommene Kost für die Fischfauna. Wenn mit der Dämmerung die kleinen Tierchen den Schutz der Verstecke verlassen und kleinste organische Teile aus dem Wasser filtern, sind hungrige, nachtaktive Jäger nicht weit. Aal und Barsch stoßen wieder und wieder in den Garnelenschwarm und füllen ihre Bäuche.

Bereits mehrfach und in verschiedenen Seen beobachte ich eine spektakuläre Ansammlung von Schwebegarnelen in den kalten Wintermonaten. Tagelang finden sie sich zu riesigen Schwärmen zusammen. Diese gigantischen, lebendigen Wolken sind ein wirkliches Naturschauspiel. Der Grund dieses massenhaften Treibens hat sich mir noch nicht erschlossen. Ist es eine Art Hochzeitstanz? Der Zeitpunkt scheint gut gewählt, denn die Fressfeinde befinden sich in der Winterruhe.

links: Großer Schwarm von Schwebegarnelen.
rechts: Einer Schwebegarnele ins Auge geblickt.

Flohkrebs
(Amphipoda)

Liegt ein toter Fisch am Grund des Sees, lohnt genaues Hinschauen. Meist an der Unterseite des Kadavers laben sich die lichtscheuen Flohkrebse an der vergänglichen Biomasse. Mit kräftigen Zangenwerkzeugen zerkleinern sie das Nahrungsangebot zu mundgerechten Happen. Zwei lange Antennenpaare und ein gekrümmter, segmentierter Panzer lassen den Flohkrebs gut erkennen. Auf der Seite liegend kriechen sie über den Untergrund. Die Flohkrebse leben versteckt unter Steinen und Hölzern. Gilt der Bachflohkrebs als heimisch, findet man immer häufiger Exemplare des invasiven Großen Höckerflohkrebses.

oben links: Typische Seitenlage des Flohkrebses.
oben rechts: Kräftige vordere Greifwerkzeuge.
rechts: Zwei Antennenpaare sind ein markantes Merkmal der Flohkrebse.

Wasserassel
(Asellus aquaticus)

Verwandte der landlebenden Kellerassel haben die Seen und Flüsse als bevorzugten Lebensraum für sich entdeckt. Es ist nicht ganz einfach zu unterscheiden, wo vorne und hinten ist. Die beiden Antennenpaare am Kopf und die gegabelten Hinterleibsanhänge sehen sich zum Verwechseln ähnlich. Wasserasseln ernähren sich von Pflanzenresten, Algen und Bakterien und sind Beute kleiner Fische. Große Populationen treffe ich in tieferen Wasserschichten gefluteter Braunkohletagebaue an. Dort heben sich die hellen Körper der Krebstiere von der dunklen Braunkohle gut sichtbar ab. Beeindruckend finde ich, wie geschickt und flink sie sich im Wasser laufend fortbewegen.

links: Wasserassel auf dem Schneckenhaus einer Schlammschnecke, an dem ebenso zwei Fischegel haften.
rechts: Gegabelte Hinterleibsanhänge zeigen das „Hinten" der Assel.

Die Filtrierer

Während Jäger wie Hecht und Barsch den Beutefischen aktiv nachstellen und Friedfische in Schwärmen das Plankton weiden, entwickelten einige Bewohner heimischer Gewässer eine besondere Strategie der Nahrungsaufnahme.
Auf Steinen oder Holz festsitzend, fischen sie das vorbeischwimmende Plankton aus der Wasserströmung. Dabei wenden die sogenannten Filtrierer unterschiedliche Methoden an. Die einen kämmen mit ihren beweglichen Fangarmen das sie umgebende Wasser und sieben so die lebensnotwenige Kost aus. Die anderen pumpen das mit Nährstoffen angereicherte Wasser in ihr Inneres und verwerten es. Süßwasserschwämme, Muscheln und Moostierchen erbringen wahrlich Höchstleistungen und leisten einen unschätzbaren Beitrag zur Reinigung der Seen und Flüsse.

S. 124/125: Geweihschwämme an Totholz.
links: Ausladender Süßwasserschwamm auf Steinen am Seeboden.
rechts: Dreikantmuschel (Zebramuschel) mit Ein- und Ausströmöffnung.

Süßwasserschwamm
(Spongillidae)

Sie hängen grün leuchtend an Zweigen toter Erlen und Weiden im Wasser. Sie kleben wie Eierkuchen, platt und weißgelb, an Holzpfählen und nackten Wänden gefluteter Steinbrüche. Sie bilden klumpenartige Gebilde am Grund des Sees – Süßwasserschwämme. Bei genauem Hinschauen wird die typisch porige, schwammige Oberfläche erkennbar.

Die kunstvollen Gebilde des filigranen, ausladenden Geweihschwammes erinnern an eine Pflanze. Schwämme sind sessile, demnach festsitzende Tiere und häufig in unseren Gewässern anzutreffen. Meist hängen sie an Totholz und wachsen zu beeindruckender Größe und Schönheit heran.

Im Auftrag eines Fischers dokumentiere ich von ihm eingebrachte Nesthilfen, kleine Nadelbäume. Was mich unter Wasser erwartet, ist einfach unbeschreiblich. Noch nie habe ich Derartiges gesehen. Jeder Ast, jeder Zweig ist überwachsen und Bestandteil eines riesigen Schwammkörpers. Die grünen, geweihähnlichen Verästelungen des meterlangen Gebildes erinnern mich unweigerlich an ein traumhaftes Korallenriff.

Eingelagerte Algen sind für die intensive Grünfärbung der Schwämme verantwortlich. Sie bilden eine erfolgreiche Symbiose. Die Schwämme bieten Schutz und die Algen produzieren Nahrung. Im Winter beginnen die Tiere zu „welken". Sie verlieren ihre kräftige Färbung. Das aus Kieselsäure bestehende Skelett zerfällt. Im Inneren werden kleine, gelbe Kügelchen, sogenannte Gemmulae, sichtbar. Sie sind das Ergebnis vegetativer, ungeschlechtlicher Vermehrung. Neben der geschlechtlichen Vermehrung ist diese Form der Reproduktion eine erfolgreiche Strategie zum Erhalt der Art.

oben links: Flacher Süßwasserschwamm inmitten einer Muschelkolonie.
oben rechts: Zerfallendes Kieselsäurenskelett entlässt die Dauerstadien, Brutknospen (Gemmulae).
rechts: Grüner Klumpenschwamm umgeben von Polypen.

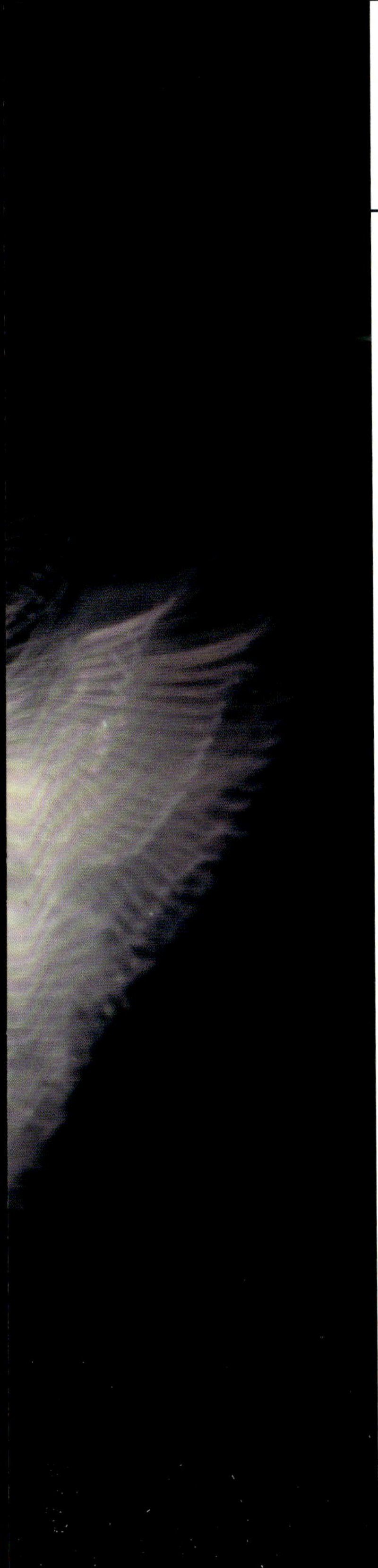

Moostierchen
(Ectoprocta)

Die Faszination von Moostierchen, ein Kleinstlebewesen auch des Süßwassers, offenbart sich erst bei genauem Hinsehen. Unscheinbar kleben längliche, gallertartige Stränge von nur wenigen Zentimetern auf Ästen, Steinen und Wasserpflanzen. Man sieht sie zum Teil vereinzelt, aber auch in großer Zahl.

Moostierchen wirken auf den ersten Blick leblos. Mit bloßem Auge ist die Schönheit dieser filigranen Tiere nicht zu erfassen. Erst die Makrofotografie öffnet die Tür in eine andere Welt.

links: Moostierchenkolonie. Hufeisenförmige Fangtentakel filtern das Wasser nach Nahrung.
rechts: Chitinröhren beherbergen die einzelnen Moostierchen.

Moostierchen
(Ectoprocta)

Die gallertartigen Klumpen erweisen sich als eine Kolonie vieler kleiner Einzelwesen. Das einzelne Moostier lebt im Schutz stabiler Chitinröhren. Hufeisenförmige Fangtentakel wiegen in der leichten Strömung und warten auf vorbeischwimmende Kost. Erbeutetes Plankton wird umgehend zur Mundöffnung geführt, geschluckt und verwertet. Bei Gefahr werden die empfindlichen Fangarme blitzschnell in die schützende Röhre eingezogen. Das ist eine echte Herausforderung für den Unterwasserfotografen.

In den Herbst- und Wintermonaten sind Veränderungen in den Kolonien sichtbar. Im Inneren wachsen kleine, linsenförmige Plättchen heran. In den sogenannten Dauerstadien (Statoblasten) überwintert das Erbgut und lässt im nächsten Jahr neue Kolonien von Moostierchen entstehen.

links: Dauerstadien (Statoblasten) einer Moostierchenkolonie Anfang Winter.
rechts: Beginnender Zerfall einer Kolonie im Herbst.

Teichmuschel
(Anodonta)

Sind es Schwanen- oder Entenmuscheln, das ist hier die große Frage? Diese Bezeichnungen stehen umgangssprachlich für die Große bzw. Gemeine Teichmuschel. Teichmuscheln sind Vertreter der heimischen Großmuscheln. Obwohl die Große Teichmuschel doppelt so groß wie ihre kleine Schwester werden kann, sind beide Arten im natürlichen Lebensraum nur schwer zu unterscheiden. Meist ragen nur die Siphons aus dem Schlamm, Schlick oder Sand.

Tiefe Spuren am Boden belegen die Wanderfreudigkeit der Mollusken. An einem geeigneten Ort angekommen, gräbt sich die handtellergroße Teichmuschel mit ihrem kräftigen Fußmuskel tief in den Boden. Oberhalb öffnet sie sich leicht und fährt die beiden Siphons zur Wasserzirkulation aus. Unentwegt pumpt sie das Wasser über den einen Siphon durch die Kiemen in die Mundöffnung. Sie entnimmt Sauerstoff und Nahrung und scheidet es über den anderen Siphon „gereinigt" wieder aus. Es lässt sich gut beobachten, wie Wassermilbe und Wasserfloh mit dem Wasserstrom in der Muschel verschwinden.

links: Siphons der Teichmuschel. Ein Wasserfloh wird eingesogen.
mittig: Teichmuschel im Sand filtert das Wasser. Die festen Schalen werden von Dreikantmuscheln besiedelt.
rechts: Ein Blick in den Einsaugsiphon.

Teichmuschel
(Anodonta)

Teichmuscheln finde ich eher vereinzelt oder in kleinen Gruppen. Sie bilden keine großen Kolonien wie ihre kleinen Verwandten, die Dreikantmuscheln. Im Lebenszyklus einer Teichmuschel spielen Fische als Wirtstiere eine große Rolle. Die befruchteten Eier der Teichmuschel verweilen bis zu einem bestimmten Larvenstadium im Kiemenraum. Danach suchen die ausgestoßenen Muschellarven einen Wirtsfisch und wachsen parasitisch auf deren Haut, Flossen oder Kiemen. Als kleine Muscheln fallen sie von den Wirtsfischen ab und beginnen ein eigenständiges Leben.

Für einen kleinen Fisch, den Bitterling, spielt die Teichmuschel eine ganz besondere Rolle. Mithilfe einer Legeröhre legt das Weibchen Eier in den Kiemenraum der Muschel. Das Männchen entlässt seinen Samen vor dem Einsaugsiphon und sichert so die Befruchtung im Inneren der Teichmuschel. Im Schutz der Muschel reift und wächst der Nachwuchs der Bitterlinge, bis er nach wenigen Wochen den Wirt verlässt. Dabei tragen sie auf ihrer Haut kleine Muschellarven, die sie im See verteilen. Diese Abhängigkeit birgt auch Risiken. Ein Rückgang der Muschelpopulation durch negative Lebensraumveränderungen wirkt sich unmittelbar nachteilig auf den Bestand des kleinen Bitterlings aus.

links: Teichmuschel beginnt den kräftigen Fußmuskel zur Fortbewegung auszufahren.
rechts: Bitterlingsmännchen im Hochzeitskleid.

Dreikantmuschel
(Dreissenidae)

Das massenhafte Auftreten in riesigen Kolonien macht sie zu leistungsfähigen Filtrierern und Nahrungskonkurrenten für alle Planktonfresser in unseren Gewässern. Mit selbstgesponnener Muschelseide haften sie an Holz und Stein. Zum Leidwesen von Großmuscheln und Flusskrebsen wird jeder feste Untergrund besiedelt. Ich habe Flusskrebse gesehen, die konnten sich wegen der schweren Last kaum noch bewegen. Sie mussten auf die erlösende Häutung warten. Historische Wracks, wie die hölzernen Lastensegler im Werbellinsee, werden von den Dreikantmuscheln bis zu deren Unkenntlichkeit bevölkert.

Die daumennagelgroßen Dreikantmuscheln stehen auf dem Speiseplan von Aal oder Krebs. Gleichzeitig sind sie Lebensraum vieler kleiner Wirbelloser. In den großen Muschelkolonien tummeln sich Garnelen, Flohkrebse und kleine Fische wie Stichling und Grundel. Die kleinen Muscheln sind anpassungsfähig und benötigen zur Reproduktion keine Wirtstiere. Die Larven entwickeln sich im Freiwasser.

Dem Streifenmuster ihrer Außenschale verdankt sie auch die Bezeichnung Zebramuschel. Quagga-Dreikantmuscheln sind invasive Vertreter der Dreikantmuscheln und wegen ihres hohen Reproduktionsvermögens immer häufiger in unseren Seen zu finden.

links: Dicht gedrängt lebt das Einzeltier in großen Kolonien.
oben: Mit dem großen Siphon wird das Wasser eingesaugt.

Die Winzlinge

Das Sehen will gelernt sein. Das gilt für die großen, aber ganz besonders für die kleinen Dinge der Unterwasserwelt. Das Aufspüren des Hechtes mit seiner perfekt angepassten Musterung im Pflanzendickicht bedarf eines geübten Auges. Den kleinen Steinbeißer im Sand verraten nur seine Bewegungen. Doch es gibt viele Bewohner in den Gewässern, die sind mit bloßem Auge kaum wahrzunehmen.

Käfer, Egel, Würmer, Wanzen, Polypen, Fliegen- und Libellenlarven, das Wasser steckt voller Leben. Mikroskopisch klein, spielen sie dennoch eine große Rolle im Ökosystem Süßwasser. Es sind die Winzlinge. Nur dem geduldigen Beobachter offenbaren sie ihre wahre Schönheit.

S. 140/141: Eine Kolonie von Roten Trompetentierchen, einer Gattung der Wimpertierchen.
links: Porträt einer Köcherfliegenlarve.
rechts: Ein Käfer unter Wasser. Der Seegraskäfer.

Süßwasserpolyp
(Hydra)

Nur wenige Millimeter messen diese sonderbaren Wesen der Unterwasserwelt. In teilweise großen Kolonien siedeln die Tiere auf Wasserpflanzen, Steinen, Holz und jedem festen Untergrund. Vereinzelt reisen sie als blinde Passagiere auf Flusskrebsen, Schneckenhäusern oder Teichmuscheln. Möchten sie den Standort wechseln, lösen sie den Fuß und treiben im Wasser mit der Strömung.

Süßwasserpolypen sind Nesseltiere. Ihre langen, nesselbewehrten Tentakel wiegen hin und her und werden bei Berührung zur tödlichen Falle für Wasserfloh und Flohkrebs. Das Gift der Nessel lähmt die Beute, die unmittelbar der Mundöffnung zugeführt wird. Große Fänge im Verdauungstrakt zeigen, wie elastisch das Gewebe des Polypen ist. Ich wundere mich, dass sich die Tentakel der einzelnen Tiere bei diesem Gewirr in einer Kolonie nicht verknoten. Nähere ich mich ihnen mit meiner Kamera zu schnell, registriert der Polyp den Wasserdruck und rollt die Fangarme ein. Bisher konnte ich nicht beobachten, dass Polypen von Fischen oder Krebsen gefressen werden.

Neben der geschlechtlichen Fortpflanzung erstaunt das Phänomen der ungeschlechtlichen Vermehrung durch Knospung. Wie Seitentriebe eines Pflanzenstängels wächst der geklonte Nachwuchs heran und führt nach dem Abtrennen ein eigenständiges Leben. Dabei können am Muttertier gleichzeitig mehrere Knospen auswachsen. Süßwasserpolypen bilden in ihrem Lebenszyklus keine Medusen aus. Die in unseren Seen vorkommenden Süßwasserquallen (Medusen) stammen von tentakellosen Polypen ab.

oben links: Nesselbewehrte Tentakel durchkämmen das Wasser nach Nahrung.
oben rechts: Ungeschlechtliche Vermehrung durch Knospung.
rechts: Eine kleine Kolonie auf Pflanzenresten.

Wassermilbe
(Hydrachnidiae)

Manchmal huschen sie aufgeregt durch das Pflanzendickicht und manchmal ruhen sie reglos am Grund des Sees. Kleine rote, stecknadelkopfgroße Kügelchen fordern meine ganze Aufmerksamkeit. Mit bloßem Auge sind sie kaum zu erkennen. Erst Nahaufnahmen machen diese Lebensform sichtbar. Die roten Kügelchen haben vier mit Schwimmhärchen besetzte Beinpaare und ausgeprägte Mundwerkzeuge. Es sind Wassermilben, kleine aquatische Spinnentiere.

Erst wenn man um das Dasein dieser kleinen Tiere weiß, entdeckt man sie in unseren Gewässern immer wieder. Mir ist aufgefallen, dass einige Tiere einen glatten, straffen Körper aufweisen, während andere faltig, sackartig scheinen. Tatsächlich handelt es sich um zwei Arten der Süßwassermilben, die Kugelmilbe und die Sackmilbe.

Rudernd bewegen sie sich mit ihren Beinen im Wasser fort. Wassermilben sind räuberisch unterwegs. Zum Beginn des Frühlings beobachte ich sie auf den Laichsträngen des Flussbarsches. Sie beißen sich mit ihren Mundwerkzeugen durch die Eihülle zu den kleinen Larven durch.

Zur Eiablage nach der Paarung finden sich nicht selten mehrere Weibchen zusammen und bauen einen gallertartigen Kokon. Die geschlüpften Larven führen ein parasitäres Leben und suchen sich zur Weiterentwicklung ein im Wasser lebendes Wirtstier. Meistens sind es Insekten und deren Larven. Bei meinen Fotostreifzügen an den Ufersäumen unserer Gewässer konnte ich Libellen mit parasitären Milbenlarven ablichten. Als Nymphen verlassen die Milben den Wirt und leben ausschließlich raubend im Süßwasser.

links: Kokon. Gemeinschaftliche Eiablage oder Raubzug?
oben links: Die Wassermilbe, ein aquatisches Spinnentier, oben rechts: Auf Raubzug in einem Flussbarschgelege.

Wimpertierchen
(Ciliophora)

Einzeln sind die Wimpertierchen in unseren Seen wegen ihrer winzigen Größe nicht auszumachen. Als Bestandteil des Planktons bilden sie einen wichtigen Baustein der Nahrungskette. Die namensgebenden Wimpern dienen der Fortbewegung und helfen bei der Aufnahme der Nahrung, die aus abgestorbenen Mikroorganismen und Bakterien besteht.

Erst in großen Kolonien werden die Tiere sichtbar. So fallen grüne, gallertartige Klumpen, die faustgroß werden können, am Röhricht klebend oder am Boden liegend auf und sind nicht mehr zu übersehen. Die Farbe wird von Grünalgen verursacht, mit denen die Kolonie in symbiotischer Gemeinschaft lebt. Winzige Glockentierchen, eine weitere Art, bevölkern in riesigen Kolonien Blätter und Triebe von Wasserpflanzen. Auf den ersten Blick wirkt es wie Schimmelbefall. Erst unter dem Mikroskop ist der glockenförmige Körper mit seinem Wimpernkranz am Ende eines langen Stieles zu erkennen.

links: Kolonie von gallertartigen Wimpertierchen mit eingelagerten Grünalgen.
rechts: Der Trieb des Rauen Hornblattes ist besiedelt von unzähligen Glockentierchen.

Wimpertierchen
(Ciliophora)

Die Gattung Trompetentierchen bedeckt polsterartig verschiedene Oberflächen. Ihren elastischen Körper strecken sie zur Nahrungsaufnahme weit in das Wasser. Dabei sehen sie tatsächlich wie Engelstrompeten aus. Der Rand ihrer trichterförmigen Öffnung ist mit Wimpern besetzt. Trompetentierchen kommen in verschiedenen Farben vor.

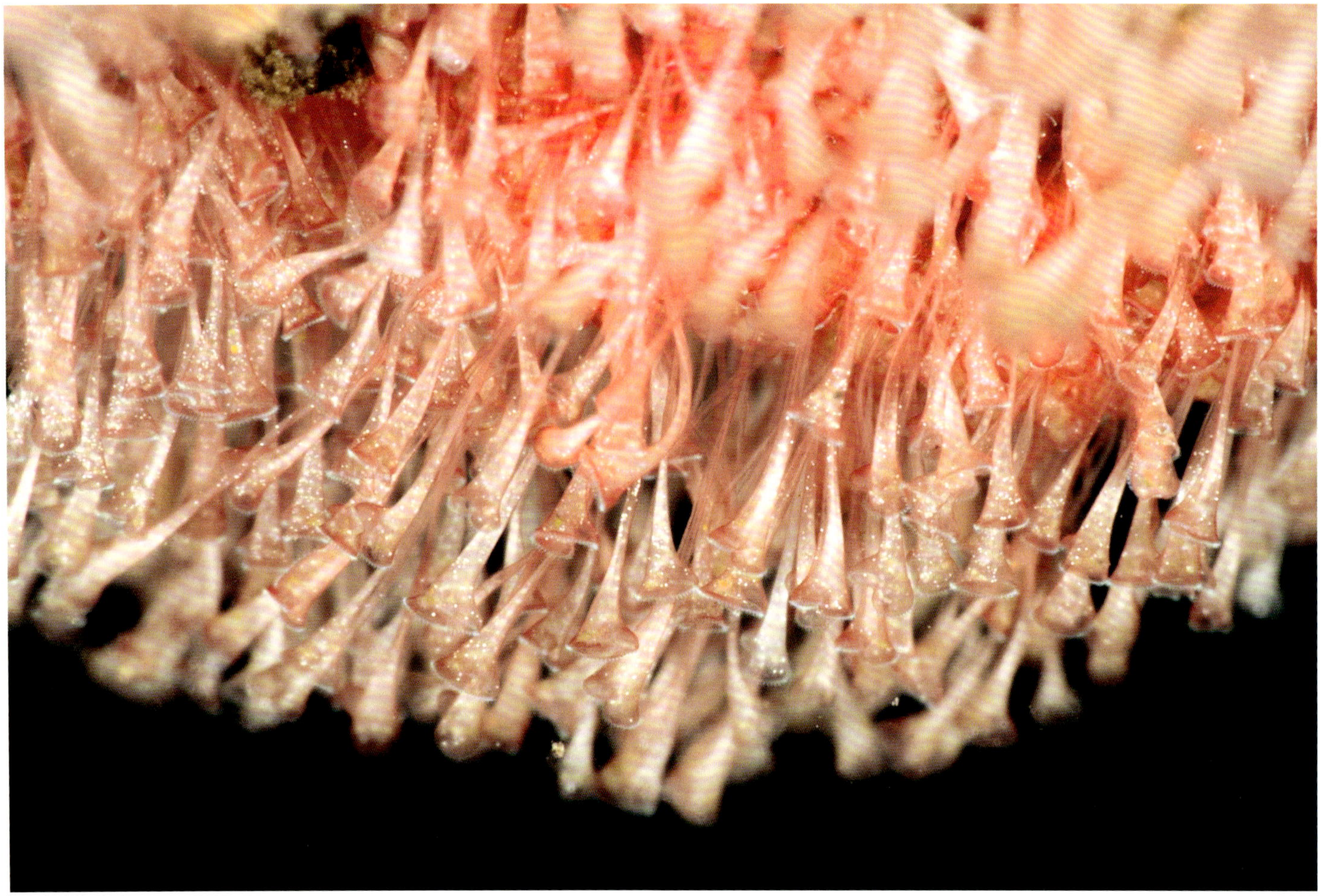

links: Rote Trompetentierchen – Kolonie mit ausgefahrenen Fangtrichtern (3–5 mm).
rechts: Gallertartige Kolonie winziger Glockentierchen.

Insektenlarven

Einige Bewohner der heimischen Unterwasserwelt geben sich ein zeitlich kurzes Stelldichein. Viele fliegende Insekten wie Mücken, Fliegen oder Libellen legen ihre Eier im Wasser ab. Die geschlüpften Larven verbringen die Zeit bis zur großen Metamorphose in Seen und Flüssen. Bewaffnet mit Zangen und Beißwerkzeugen, sind sie teils gefürchtete Jäger unter Wasser. Doch auch sie stehen auf dem Speiseplan größerer Fressfeinde.

Wie von Geisterhand bewegen sich kleine Stöckchen am Grund des Sees. Es sind die schützenden namensgebenden Wohnröhren der Köcherfliegenlarven. Lebensraumtypisches Material wie Kiesel, Schilfrohr oder Pflanzenreste verklebt die Larve zu einem soliden Köcher. Sie schützt damit ihren empfindlichen Hinterleib. Nur die Beinpaare und der massige Kopf mit mächtigen Mundwerkzeugen schauen an einem Ende heraus. Mit kräftigen Beinen schleppt sie sich samt Haus über hindernisreiche Parcours. Steine, Dreikantmuscheln und Pflanzen werden überstiegen, umgangen und durchklettert.

Wird der wachsenden Köcherfliegenlarve die Behausung zu klein, baut sie einfach vorn an. Im Larvenstadium ernährt sich das Insekt von Pflanzenresten und Algen. Die Verpuppung der Larve erfolgt im Köcher.

links: Mit kräftigen Beinen rudernd, um den Köcher wieder in korrekte Position zu bringen.
rechts: Köcherfliegenlarve in einem Köcher aus Teilen eines Rauen Hornblattes.

Insektenlarven

Libellenlarven kommen ohne eine schützende Behausung aus. Die Artenvielfalt der Libellen spiegelt sich ebenso in der Varianz ihrer Larven wieder. Die Larven der Kleinlibellen sind filigran und zierlich. Großlibellenlarven hingegen wirken gedrungen und kräftig. Als reine Fleischfresser sind sie raubend in Gewässern unterwegs. Dafür hat die Natur sie mit einer gefürchteten Fangmaske ausgestattet. Blitzschnell kann dieses unter dem Kopf geklappte Fangwerkzeug zum Ergreifen von Kaulquappen, Insekten und sogar kleinen Fischen hervorgeschnellt werden.

Insektenlarven sind unverzichtbarer Bestandteil des Lebensraumes Süßwasser.

oben links: Eintagsfliegenlarve an einer Teichmuschel.
oben rechts: Räuberische Libellenlarve.
rechts innen: Gut versteckt. Libellenlarve.
rechts außen: Larve der Gemeinen Wasserflorfliege.

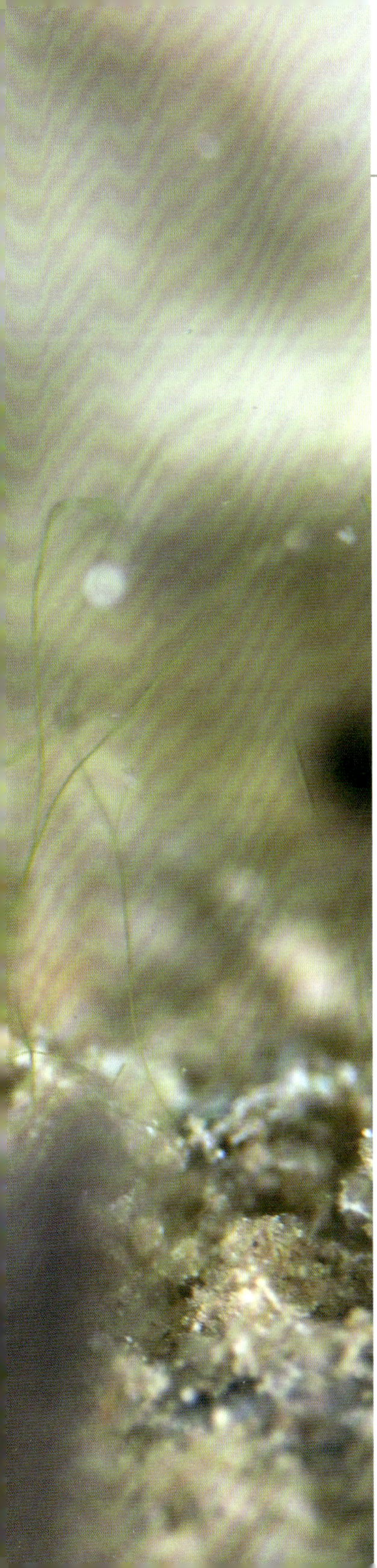

Die Geduldigen

Sie haben alle Zeit der Welt, so scheint es. Nichts bringt sie aus der Ruhe. Gemächlich und doch entschlossen sind sie unterwegs, um irgendwann irgendwo anzukommen. Spuren am Grund zeugen von den vergleichsweise langen Strecken, die sie zurücklegen. Es sind die Wasserschnecken, die ebenso wie ihre Verwandten an Land Geduld und Gelassenheit zum Lebensprinzip gemacht haben. Auf den ersten Blick wirken sie unscheinbar. Doch bei näherem Hinschauen erkennt man die Schönheit dieser Bewohner heimischer Seen und Flüsse.

S. 156/157: Ohrschlammschnecke auf Wanderschaft.
links: „Blinder Passagier" auf einer Ohrschlammschnecke.
rechts: Schneckengelege an einem Rauen Hornblatt.

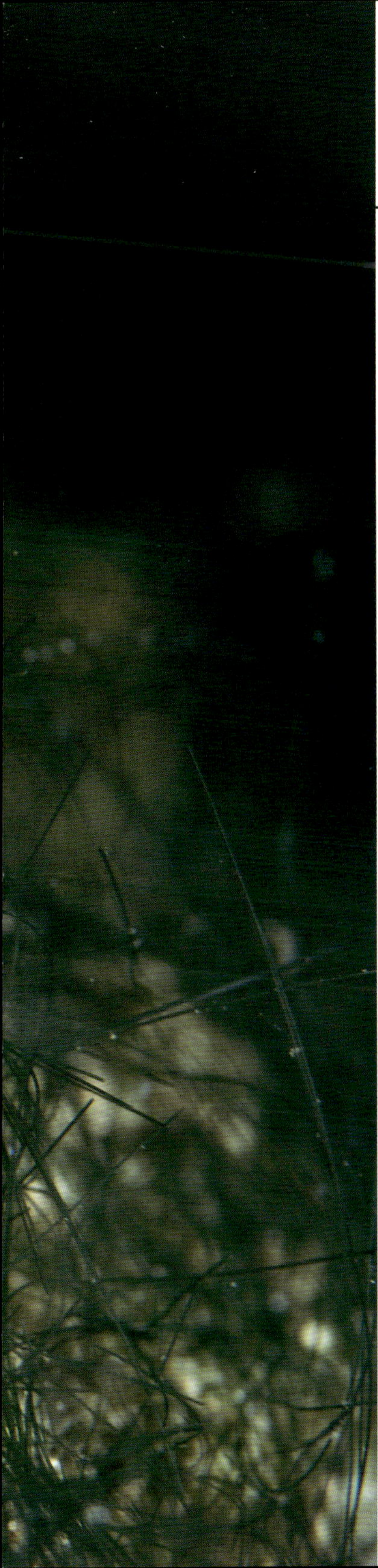

Schlammschnecke
(Lymnaeidae)

Die Schlammschnecke ist weitverbreitet. Ruhend im Schlamm oder auf Wanderschaft, findet man sie häufig in verschiedenen Gewässertypen.

Ein weithin sichtbares Erkennungsmerkmal dieser Schneckenfamilie sind die großen, dreieckigen Fühler. Wie Flügel oder zu groß geratene Ohren sehen sie aus. Sie sind empfindliche Sinnesorgane, mit der die Tiere ihre Umwelt ertasten. An der Wurzel der Fühler sind die Augen der Schnecke als kleine, schwarze Punkte gut erkennbar. Die Form des Schneckenhauses ist vielfältig und unterscheidet die einzelnen Arten der Schlammschnecke.

Das lang und spitz auslaufende Schneckenhaus beherbergt die Spitzschlammschnecke, während die Ohrschlammschnecke ein kurzes, ohrmuschelähnliches Haus trägt. Die Schneckenhäuser sind in verschiedenen Brauntönen gefärbt und besitzen ein dunkles Fleckenmuster. Ich bin immer wieder beeindruckt, wie elegant sich diese Tiere mit ihrem großen Haus über Blatt und Halm des Pflanzendschungels bewegen.

links: Ohrschlammschnecke. Nicht die großen Fühler sind namensgebend, auch wenn man es glauben mag.
rechts: In den Kammern des Laichstranges sind die kleinen Schnecken bereits gut sichtbar.

Schlammschnecke
(Lymnaeidae)

Die Schlammschnecke lebt unter Wasser und ist dennoch ein Lungenatmer. Zum Überleben muss sie regelmäßig an die Oberfläche und ihre Luftvorräte auffüllen. Über die Jahre beobachte ich in einem See Schwankungen der Population. Treten die Tiere in einem Jahr auffällig stark in Erscheinung, muss ich sie im nächsten Jahr gezielt suchen.

Wie die meisten Schnecken sind Schlammschnecken Zwitter, die sich dennoch zur Fortpflanzung in Paaren zusammenfinden. Kleine, gallertartige Gelege an Steinen und Pflanzen zeugen vom Erfolg der Paarung. In den transparenten Eigelegen lässt sich das Heranwachsen der kleinen Schnecken gut beobachten. Nach wenigen Tagen schlüpft die nächste Generation.

links: Eine kleine Ohrschlammschnecke wird von einer großen Spitzschlammschnecke „überfahren". Raspelt sie die Algen vom Haus?
rechts: Kletternd im Nixenkraut. Und immer die „Ohren" gespitzt.

Sumpfdeckelschnecke
(Viviparidae)

Neben der Schlammschnecke zählt die Sumpfdeckelschnecke zu den größten Schneckenarten in unseren Gewässern. Das Gehäuse dieser Schneckenart kann bis auf sechs Zentimeter auswachsen. Finden kann man die am Boden lebende, kräftige Sumpfdeckelschnecke nur, wenn sie nicht im Sand oder Schlamm eingegraben ist.

Bei Gefahr oder während der Ruhephasen zieht sich das Tier in sein Haus zurück und verschließt es mit einem am Fuß fest verwachsenen Deckel. Wirklich spannend finde ich, wenn sich die Schnecke langsam aus dem Haus schiebt, sich der Deckel öffnet und nach und nach Schnauze, Fühler- und Augenpaare erscheinen. Die blau-schwarze Haut der Sumpfdeckelschnecke ist mit feinen, goldgelben Punkten übersät und leuchtet im Schein des Lichtes. Es sind wirklich wunderschöne Tiere. Beim Beobachten einzelner Exemplare ist mir aufgefallen, dass sich die Fühlerpaare unterscheiden. Haben Weibchen zwei gleich lange, schlanke Fühler, ist bei den Männchen der rechte Fühler kurz und verdickt. Er enthält das Begattungsorgan, mit dessen Hilfe die Spermien in die Geschlechtsöffnung des Weibchens übergeben werden. Sumpfdeckelschnecken sind anders als andere Schneckenarten keine Zwitter. Im Frühjahr betrachte ich zwei Tiere, die zielgerichtet aufeinander „zueilen". Ohne großes Vorspiel erfolgt der Akt der Paarung. Bei den Sumpfdeckelschnecken schlüpfen Jungschnecken im Muttertier und werden als kleine, fertige Schnecken ins Nass entlassen.

links: Ein Männchen. Der rechte, verdickte Fühler ist das Begattungsorgan.
rechts: Ein Weibchen öffnet den Deckel am Fuß und schiebt langsam den Kopf mit Fühlern hervor.

Gemeine Kahnschnecke
(Theodoxus fluviatilis)

Neben den großen Vertretern heimischer Schneckenarten wie Schlamm-, Sumpfdeckel- und Tellerschnecke leben in den Gewässern viele kleine Arten, die gern übersehen werden. Sie sind wenige Millimeter klein und mit bloßem Auge kaum auszumachen. Man muss schon sehr genau hinschauen, um sie zu entdecken.

Zwischen Muschelschalen im Sand oder an Röhrichthalmen finden sich mit etwas Glück kleine, dunkle Schneckenhäuser mit kunstvollem Fleckenmuster. Dieses einzigartig gemusterte, dickwandige Haus gehört der Gemeinen Kahnschnecke. Sie ist eine geschützte Art und kommt nicht mehr sehr häufig vor, was eine Entdeckung noch wertvoller und spannender macht. Als blinden Passagier erblicke ich eine Kahnschnecke auf dem Haus einer Ohrschlammschnecke. Polypen und Muscheln auf der harten Schale von Schnecken habe ich schon häufiger gesehen, doch diese Gemeinschaft kannte ich noch nicht. Im Gegenzug zur unfreiwillig erbrachten Transportleistung weidet die Kahnschnecke mit ihrer Raspelzunge den Bewuchs von Algen auf dem Schneckenhaus ab.

Auch die Gemeine Kahnschnecke ist kein Zwitter. Nach der Paarung legt das Weibchen mehrere Eikapseln auf festen Grund. Die Eikapseln beherbergen vier bis fünf Dutzend Eier. Erstaunlicherweise entwickelt sich aus dem Gelege nur ein einziges Tier. Alle anderen Eier dienen zu dessen Versorgung. Sie sind sogenannte Nähreier. Die Überlebensstrategien der einzelnen Arten versetzen mich immer wieder in Erstaunen.

links: Die Gemeine Kahnschnecke misst nur wenige Millimeter.
rechts: Kahnschnecke ist als „blinder Passagier“ auf einer Schlammschnecke unterwegs.

Gemeine Schnauzenschnecke
(Bithynia tentaculata)

Manche Namensgebung erschließt sich auf den ersten Blick. So ist es auch bei der Gemeinen Schnauzenschnecke. Der Kopf dieser kleinen Schneckenart hat wirklich die Form einer Schnauze. Am hinteren Ende sitzen die beiden symmetrischen, dünnen Fühler. Schnauze und Fuß sind mit gelben Klecksen überzogen. Das gleichmäßig gewundene Haus ist dunkel und trägt helle, auffällige Flecken.

Diese kleine Schneckenart finde ich häufig auf Totholz unter am Boden liegenden Ästen. So schützen sie sich vor Fressfeinden. Wegen ihrer geringen Größe von nur wenigen Millimetern werden die Schnecken gern von kleinen Flussbarschen gefressen. Selbst ernährt sie sich von Resten abgestorbener Tiere und Pflanzen.

Die Tiere werden nach unserer Zeitrechnung nicht alt. Sie erleben meist nur einen Winter. Der Nachwuchs wächst in gallertartigen Laichschnüren außerhalb des Muttertiers heran.

Neben diesen vier Vertretern unserer großen und kleinen Süßwasserschnecken gibt es natürlich weitere Arten. Die Vielfalt der Weichtiere in den heimischen Gewässern ist groß. Geduldig und gelassen, sind sie Teil eines ausgewogenen Lebensraumes.

links: Die kleine Schnauzenschnecke schmückt sich mit einem Süßwasserpolypen.
rechts: Häufig auf Totholz anzutreffen.

Die Neuen

Die vielfältige Wasserlandschaft in den heimischen Gewässern ist zum Lebensraum vieler gebietsfremder Arten geworden. Arten, die nicht von Natur aus vorkommen und durch menschlichen Einfluss eingebracht wurden.

Alles ist im Wandel. Der Bau von Wasserstraßen und die Schaffung eines ausgedehnten, länderübergreifenden Schifffahrtsnetzes zum Transport globaler Güter ermöglichen Bewohnern ferner Unterwasserwelten, die heimischen Lebensräume zu besiedeln. Unterwegs im Ballastwasser von Transportschiffen, entkommen aus Zuchtanlagen oder einfach von Menschenhand ausgesetzt, sind gebietsfremde und anpassungsfähige Arten bei uns angekommen.

Die Wissenschaft bezeichnet neue Pflanzen und Tiere, die nach der Entdeckung Amerikas 1492 bei uns eingebracht wurden, als Neobiota. Dieser Zeitpunkt wurde gewählt, da er den Beginn des Überseehandels mit Lebewesen datiert

S. 170/171: Das Eigelege einer Marmorgrundel. Die Augen und der große Dottersack sind gut sichtbar.
links: Der kleine Katzenwels sucht mit seinen Barteln nach Nahrung im Boden.
rechts: Bunter Sonnenbarsch zwischen Ästen eines alten Baumes.

Neobiota könnten auf den ersten Blick als gestiegene Artenvielfalt verstanden werden. Tatsächlich geht von den meisten gebietsfremden Arten auch keine Gefahr für den heimischen Lebensraum aus. Es gibt allerdings Arten, die eine wirkliche Bedrohung für die Biodiversität darstellen. Diese invasiven Arten sind direkte Konkurrenten und Fressfeinde für die einheimischen Spezies oder Überträger von Krankheiten. Sie verändern vorhandene Ökosysteme grundlegend und nachhaltig.

Bei meinen vielen Tauchgängen begegnete ich bereits einigen Neubewohnern. Mir war nicht immer sofort klar, welches Tier ich vorfand. Während eines Tauchganges in einem Brandenburger See im Frühjahr fallen mir kleine Fische auf, die unentwegt über das Brunnenmoos huschen. Diese Art Fische habe ich vorher nie gesehen. Ich mache einige Aufnahmen mit meiner Kamera und recherchiere später meinen Fund. Nahaufnahmen lassen markante Nasenröhren am Oberkiefer erkennen. Es ist die Marmorierte Süßwassergrundel, kurz Marmorgrundel oder Nasengrundel genannt. Obwohl die erfolgreiche Verbreitung der Schwarzmundgrundel schon bekannt war, gab es bisher keinen bestätigten Fund der Marmorgrundel im nordostdeutschen Raum.

Jedes Jahr schaue ich bei den Marmorgrundeln vorbei und muss feststellen, sie sind gekommen, um zu bleiben. Ich finde Nestgelege, die von den Männchen bewacht und behütet werden. Ich beobachte spektakuläre Revierkämpfe farbenprächtiger, adulter Tiere, die sich ineinander verbeißen. Ich werde Zeuge, wie die kleinen Grundeln Zandernester plündern. Und ich erblicke Flussbarsche, die dieses zusätzliche Nahrungsangebot zu schätzen wissen.

Der bunte Sonnenbarsch, der seinen Weg über die Zucht und Aquarienfreunde zu uns fand, ist inzwischen keine Seltenheit mehr. Ich treffe ihn in verschiedenen Gewässern bundesweit. Im Sommer zur Paarungszeit lassen sich die Fische im flachen, warmen Wasser beim Liebesreigen und der Nestwache gut beobachten. Zwergwelse, wie die wohlschmeckenden Katzenwelse, entwichen den Züchtern und bevölkern einige Gewässer bereits massenhaft. Bei Nachttauchgängen im Schein der Lampe treten sie in großen Schwärmen auf und sind mit ihren acht Barteln auf der steten Suche nach Nahrung. Marmor- und Silberkarpfen, einst Zuchtfische, ziehen als Planktonfresser ihre Runden im Freiwasser. Da sie nicht imstande sind, sich bei den hiesigen klimatischen Bedingungen natürlich zu reproduzieren, werden sie bei ausbleibendem Besatz aus den Gewässern verschwinden.

rechts: Mit Argusaugen wacht die adulte Marmorgrundel über ihren Nachwuchs.
Das Eigelege befindet sich zwischen einer Muschelkolonie.

Auf der langen Liste gebietsfremder Arten finden sich nicht nur Fische, auch Krebstiere, Muscheln, Schnecken, Wirbellose und Pflanzen sind unter ihnen. Die bedrohliche Verdrängung der einheimischen Flusskrebsarten durch die invasiven Einwanderer aus Amerika sowie die Quagga-Dreikantmuschel als Konkurrent zur einheimischen Dreikantmuschel sind bereits genannt.

Mir fallen am sandigen Grund kleine trichterförmige Vertiefungen auf. Welchen Ursprungs werden sie sein? Vorsichtig lege ich wenige Zentimeter dieser sandigen Trichter frei. Es erscheint eine goldgelbe, geschlossene Muschel. Ich sah bereits mehrere gerippte Schalen dieser Muschelart am Boden liegen. Es ist eine Asiatische Körbchenmuschel. Durchaus denkbar, dass sie mit dem Ballastwasser der Lastkähne ihren neuen Lebensraum gefunden hat.

Der See ist Bestandteil einer viel befahrenen Bundeswasserstraße. Während ich die Muschel betrachte, öffnet sie sich leicht und schiebt ihren kräftigen Fuß heraus. Dieser bohrt sich in den Sand. Auf der gegenüberliegenden Seite erscheinen die beiden Siphons. Das Wasser einsaugend und wieder kräftig ausstoßend, bohrt sich das Tier mit jedem Takt vollständig in den Sand. Doch was bedeutet diese Muschelpopulation für den See und seine Bewohner?

Um negative Auswirkungen gebietsfremder Arten zu verhindern oder gering zu halten, erarbeiten Gesetzgeber und zuständige Behörden Listen invasiver Arten, Konzepte und Maßnahmenpläne. Sie regeln den Umgang mit den Neuen. Das Bundesnaturschutzgesetz bildet hierfür den gesetzlichen Rahmen.

links: Revierkämpfende Männchen der Marmorgrundel.
rechts: Mithilfe des kräftigen Fußmuskels bewegt sich die Körbchenmuschel fort und gräbt sich ein.

Der Garten

Ohne Blumen keine Bienen, ohne Wald keine Luft zum Atmen, ohne Unterwassergarten keine lebendigen Seen. Unterwasserpflanzen produzieren lebensnotwendigen Sauerstoff. Sie bieten mit ihrem strukturbildenden Wuchs kleinen Fischen Schutz vor Räubern und sind die Kinderstube vieler Pflanzenlaicher. Pflanzen schützen wellendämpfend Uferbereiche und binden Nährstoffe. Sie sind eine wichtige Nahrungsquelle vieler Bewohner unter und über der Wasseroberfläche. Als Taucher kann ich sagen, dass ein Garten aus verschiedenen Wasserpflanzen zudem wunderschön aussieht.

Pflanzen der Unterwasserwelt, die mit dem Auge erkennbar sind, werden in der Wissenschaft unter dem Begriff Makrophyten zusammengefasst. Das Wort bedeutet übersetzt so viel wie „sichtbare Pflanzen".

Zahlreiche Arten leben im Süßwasser, untergetaucht, fest verwurzelt oder schwimmend. Entsprechend ihrer Wuchsform werden sie von Botanikern klassifiziert. Beispielhaft seien hier die Seerosen mit großen schwimmenden Blättern, die Wasserlinsen als kleine schwimmende Pflanzen oder die Tausendblattgewächse mit ihren fein zerteilten Blättern genannt.

Wasserpflanzen tragen klangvolle Namen wie Spreizender Hahnenfuß, Bart-Glanzleuchteralge, Quirliges Tausendblatt oder Stachelspitziges Laichkraut.
Perfekt an ihren Lebensraum angepasst, hat jede Art ihre eigene Strategie zum Wachsen und Gedeihen entwickelt. Sie unterscheidet sich in der Aufnahme von Nährstoffen und von Kohlendioxid zur Photosynthese als auch in der Fortpflanzung. Armleuchteralgen nutzen das Wasser zur Bestäubung, während andere Gewächse wie das Durchwachsende Laichkraut dichte Blütenstände durch die Wasseroberfläche schieben und auf den Wind vertrauen. Froschbiss und Quirliges Tausendblatt bilden zusätzlich vegetativ Winterknospen aus, die im Frühjahr zu neuen Pflanzen auswachsen.

S. 178/179: Eine Wiese Hornblättriger Armleuchteralgen. An den Trieben haften gallertartige Wimpertierchen.
links: Zarte Triebe einer Armleuchteralge.

Makrophyten nehmen die gelösten Nährstoffe über Wurzeln und Blattoberflächen auf. Der Gewöhnliche Wasserschlauch entwickelte eine weitere Methode, um sich zusätzliche Nahrungsquellen zu erschließen. Er ist eine fleischfressende Pflanze. Einige Blätter wurden zu effektiven Fangblasen umgebildet, mit dessen Hilfe Zooplankton wie Wasserflöhe angelockt, gefangen und verdaut werden. Ein Verhalten, das sich mit etwas Geduld gut beobachten lässt.

Wie die an Land lebenden Verwandten, benötigen die Wasserpflanzen Licht zum Leben. Daher entscheidet das einfallende Licht maßgeblich über deren Wachstum. Die Trübung des Wassers durch Plankton und Sedimente beeinflusst die Lichtdurchdringung. In Klarwasserseen glazialen Ursprungs tauche ich bis zu einer Tiefe von 12–15 Metern über flächendeckenden Grundrasen aus verschiedenen Armleuchteralgen und Nixenkraut. Im flacheren Uferbereich bilden sich mächtige Schwimmblatt- und Tauchblattzonen aus Wasserfeder, Tannenwedel, Wasserschlauch und Laichkräutern aus. Aufsteigende Bläschen aus einer Wiese deuten auf die unentwegte Produktion von Sauerstoff.

Steige ich hingegen in nährstoffgeschwängerte Gewässer mit Sichtweiten von nur 1–2 Metern, so finden sich im Anschluss des Röhrichtgürtels nur schmale Streifen aus meist Horn- und Tausendblattpflanzen, die sich schnell im schlammigen Boden verlieren. Ein Zusammenhang von Wasserpflanzen und klarem Wasser ist ersichtlich. Schaffen es die vorhandenen Pflanzen, das Nährstoffangebot eines Gewässers zu binden, so fehlen dem wassertrübenden Algenwachstum die Nährstoffe. Ein Nährstoffüberangebot verändert die Situation und lässt die Algen, das Phytoplankton, vermehrt wachsen. Diese Biomasse im Freiwasser beschattet die Makrophyten am Grund des Sees.

Ein Absterben sensibler Arten ist die Folge. Unsere Seen sind Nährstoffsenken. Einmal eingebrachte Nährstoffe aus z. B. Landwirtschaft und Klärwerken verbleiben dort und verschärfen die Entwicklung.

rechts oben: Hecht. Gut getarnt in einer Wiese Hornblättriger Armleuchteralgen.
rechts unten: Grundrasen aus verschiedenen Armleuchteralgen.

Alles hängt unmittelbar zusammen. Auch die „Gefürchteten" haben einen Einfluss auf das Wachstum von Makrophyten. Sie fressen die kleinen Friedfische. Das sichert ein Überleben von Zooplankton, kleinen wirbellosen Tierchen, die sich wiederum vom Phytoplankton ernähren. Und sie halten die „Wühler" in Schach und reduzieren so deren unmittelbaren Schaden an den Unterwasserpflanzen. Ein gestörtes Gleichgewicht verändert den See unverkennbar.

Unterwasserpflanzen haben unterschiedliche Lebensraumansprüche. Bestimmte Arten bevorzugen nährstoffarme Gewässer, andere gedeihen prächtig bei ausreichendem Nährstoffangebot. Diesen Umstand macht man sich zunutze, um den Nährstoffgehalt, die Trophie, eines Gewässers anhand des Pflanzenbewuchses zu bestimmen. Die Wissenschaft unterscheidet mehrere Stufen von nährstoffarm bis extrem nährstoffreich. Die verschiedenen Makrophyten werden dem System entsprechend ihrer Wachstumsvorlieben zugeordnet und dienen als Bioindikatoren, als Anzeigerpflanzen. Das vermehrte Auftreten von Kamm-Laichkraut oder dem Rauen Hornblatt zeugt von einer hohen Nährstoffbelastung. Armleuchteralgen im Allgemeinen bevorzugen nährstoffarme Gewässer.

In den Herbst- und Wintermonaten welken die Pflanzen und bilden sich zurück. Abgestorbenes Pflanzenmaterial wird von Kleinstlebewesen verwertet und von Bakterien unter Verwendung von Sauerstoff zersetzt. Am Grund des Sees lassen sich bizarre Formationen beobachten. Teppiche farbenfroher Bakterien überziehen die tote Biomasse. In kleinen Senken sammeln sich mystische Nebelschwaden.

Beeindruckend sind die leuchtenden Farben der Purpurbakterien. Entstehen und Vergehen liegen nah beieinander. Mit steigenden Wassertemperaturen im Frühjahr zirkuliert das Wasser. Sauerstoffreiches Wasser sinkt hinab und nährstoffreiches steigt auf. Das Wachsen der Unterwasserpflanzen beginnt von Neuem.

links oben: Dichter Teppich aus Armleuchteralgen.
links unten: Gewöhnlicher Wasserschlauch.
rechts oben: Spiegelndes Laichkraut.
rechts unten: Wasserstern.

oben: Großes Nixenkraut.
unten: Raues Hornblatt.

oben: Röhricht/Schilf.
unten: Seerosen.

oben: Teichrose.
unten: Krebsschere.

oben: Hornblättrige Armleuchteralge.
unten: Spreizender Hahnenfuß.

oben: Großes Nixenkraut mit Nussfrucht,
Ergebnis einer Unterwasserbestäubung.

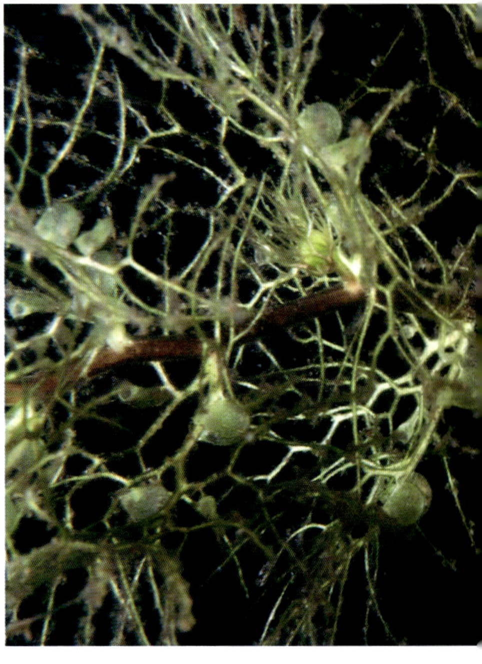

unten: Gewöhnlicher Wasserschlauch mit Fangkapseln.

oben: Bart-Glanzleuchteralge.
unten: Quirliges Tausendblatt.

Mario Merkel, Jahrgang 1964, ist Vater von drei Kindern und lebt seit 40 Jahren in Brandenburg. Er studierte Elektrotechnik an der TU Dresden und ist begeisterter Naturfreund. Neben den leisen Tönen des Waldes verzaubern ihn laute Töne Metallicas.
Das Wasser zog ihn schon immer magisch in seinen Bann. Gemeinsam mit seinen Kindern machte er 2006 seinen Tauchschein auf Mallorca. Seither bereist er mit seiner Frau, die mittlerweile ebenfalls taucht, die Weltmeere. Er tauchte vor den Küsten Afrikas und unter den Eisbergen Grönlands, in den Höhlen Mexikos und Frankreichs, mit Walhaien im Indischen Ozean und kleinen Sepien im Atlantik.
Doch seine Liebe gehört der heimischen Unterwasserwelt. 2015 machte Mario Merkel seine Leidenschaft zum Beruf. Mittlerweile erkundete er bundesweit über 200 Gewässer, von der Ostsee bis zum Bodensee. Auf verschiedenen Kanälen der Sozialen Medien, in seinem Blog „Tauchrevier Deutschland“ und in diversen Publikationen berichtet er von seinen Erlebnissen und Beobachtungen.

links: Mario Merkel entsteigt seinem Lieblingselement, dem Wasser.
rechts: Blaues Lichtspiel am Ufer eines Klarwassersees.

Bibliografie

DUSSLING, U.; BAER, J.; GAYE-SIESSEGGER, J.; SCHUMANN, M.; BLANK, S.; BRINKER, A. (2018): Das große Buch der Fische Baden-Württembergs – Ministerium für Ländlichen Raum und Verbraucherschutz Baden-Württemberg, Stuttgart, 372 S.

OLDORFF, S.; KRAUTKRÄMER, V.; KIRSCHEY, T. (2017): Pflanzen im Süßwasser, Stuttgart, 288 S.

CHUCHOLL, C.; DEHUS, P. (2011): Flusskrebse in Baden-Württemberg. LAZBW, Stuttgart, 88 S.

SCHARF, J. et al. (2011): Fische in Brandenburg – Aktuelle Kartierung und Beschreibung der märkischen Fischfauna, Institut für Binnenfischerei e. V. Potsdam-Sacrow, 187 S.

GUTOWSKI, A.; VAN DE WEYER, K.; HOFMANN, G.; DOEGE, A. (2011): Einführung in die Qualitätskomponente Makrophyten und Phytobenthos, Sächsisches Landesamt für Umwelt, Landwirtschaft und Geologie, 184 S.

GLÖER, P.; DIERCKING, R. (2008): Atlas der Süßwassermollusken. Freie und Hansestadt Hamburg, Behörde für Stadtentwicklung und Umwelt, 180 S.

MARTIN, P. (2008): Wassermilben (Hydrachnidia, Acari) und Insekten: Ein Überblick über eine selten betrachtete Beziehung, Entomologie heute – 20, 45–75 S.

STERNBERG, K.; BUCHWALD, R. (1999): Die Libellen Baden-Württembergs, Band 1, Stuttgart, 468 S.

GRZESIAK, P. (2019): Die Sinne der Fische, https://www.planet-wissen.de/natur/tiere_im_wasser/fische/pwiediesinnederfische100.html

GEWÄSSERBEWERTUNG (2019): Informationsportal zur Bewertung der Oberflächengewässer: https://www.umweltbundesamt.de/sites/default/files/medien/1410/publikationen/2019-06-04_texte_57-2019_bewertung-oberflaechengewaesser.pdf

UMWELTBUNDESAMT (2010): Seen, https://www.umweltbundesamt.de/themen/wasser/seen

BUNDESAMT FÜR NATURSCHUTZ, Neobiota – Gebietsfremde und invasive Arten, https://neobiota.bfn.de